EL RE-ENFOQUE DE LA SALUD

EL RE-ENFOQUE DE LA SALUD

Transformar conceptos, acciones y políticas
para alcanzar niveles máximos de bienestar

Francisco Solis

Número de Control de la Biblioteca del Congreso de EE. UU.:		2014909378
ISBN:	Tapa Dura	978-1-4633-8458-6
	Tapa Blanda	978-1-4633-8459-3
	Libro Electrónico	978-1-4633-8460-9

Para realizar pedidos de este libro, contacte con:
Palibrio LLC
1663 Liberty Drive
Suite 200
Bloomington, IN 47403
Gratis desde EE. UU. al 877.407.5847
Gratis desde México al 01.800.288.2243
Gratis desde España al 900.866.949
Desde otro país al +1.812.671.9757
Fax: 01.812.355.1576
ventas@palibrio.com
622540

Índice

Índice

Breve semblanza del autor

Fco. Javier Solís Estupiñán es un hombre que ha vivido intensamente en el campo de la salud, desde diferentes visiones, pasando desde los estudios de medicina, el ejercicio profesional, una residencia rotatoria de 6 años, la administración en salud, participación en los colegios de profesionistas, puestos públicos, puestos políticos, hasta llegar al concepto integral del bienestar que tiene en la actualidad.

Después de egresar decide iniciarse en la práctica privada, teniendo mucho auge y un éxito inusitado, con pacientes de todos los estratos sociales y múltiples enfermedades, que le obligan a cuestionarse la necesidad de incrementar sus conocimientos y práctica profesional, para satisfacer las necesidades de sus enfermos para encontrar un tratamiento adecuado.

A pesar del alto volumen de pacientes que atendía en forma privada, ingresa a realizar una Residencia Rotatoria en el Hospital Divina Providencia A.C., donde inicialmente su idea fue permanecer un año, para continuar preparándose, y termina realizando 6 años, que le permitieron un entrenamiento intensivo en la práctica médica.

Continúa su práctica privada con mucho éxito, atendiendo infinidad de urgencias, disfrutando del enfoque curativo de la medicina, que le permitía nutrirse emocionalmente del acto de ayudar a los seres humanos, en un área tan vulnerable como es la enfermedad. Sin embargo, y ante algunas experiencias personales con el uso de terapias complementarias, incursiona en el campo de las medicinas alternativas, diplomándose en homeopatía, cursando un semestre de una maestría de acupuntura, con maestras de la Universidad de Beijing (las maestras de origen Chino tuvieron que regresarse a su País), y múltiples estudios de diversas alternativas médicas (Campos magnéticos pulsantes, terapia de quelacion, iridologia, nutrición ortomolecular, etc.), que le amplían la visión y el arsenal terapéutico para ayudar a sus pacientes, considerando que la salud es algo más integral y que en ocasiones no encontraba como tratar múltiples enfermedades, en las que solo se controla al paciente o se le daba tratamiento paliativo.

A la par del ejercicio privado, incursiona en la administración pública, como Director de Atención a la Salud del DIF Estatal Durango, donde desarrolla programas de salud, para la población (establece las campañas de más de 200 pacientes de cataratas, encuestas de salud, programa piloto de medicina herbolaria, etc.), experiencia que le da la motivación para realizar una especialización en Administración de Servicios de Salud, donde amplia más su visión del campo de la salud, realizando inclusive un semestre en Políticas Publicas, en La Universidad Autónoma de Durango

"Lobos" entendiendo el concepto de la salud como algo más global, que depende mucho de la participación social, del respaldo gubernamental así como de acciones comunitarias de educación y economía como parte de la integralidad de la salud.

Incursiona en el terreno de lo político ocupando cargos como la secretaria general de la Fundación Colosio filial Durango, donde realizan las plataformas político electoral de los candidatos a gobernador, presidente municipal, diputados y regidurías del PRI. Preside al Colegio de Médicos y es fundador y presidente de la Federación de Colegios de Profesionistas, que le dan una perspectiva más amplia del ejercicio de la medicina y por ende del concepto de la salud; visión que incrementa con el desempeño de cargos en la administración pública como la Subsecretaria de Salud, donde diseña y presenta programas de calidad de los servicios y un sistema virtual de salud a través de telecomunicaciones, y la Dirección de Servicios de Salud, desde donde aplica conceptos del desarrollo humano, como parte de los programas que dirige, plasmando las bases para lograr primeros lugares nacionales.

Convencido de la necesidad de crear conciencia entre la población de la responsabilidad que tiene cada ser humano en cuidar su salud, empieza a transitar en el campo de la comunicación a través de diversos programas de salud en prensa escrita radio y televisión, que le permiten motivar a la gente que lo escucha, ve y lee para tomar conciencia de que la salud se puede construir desde las acciones que realizamos día a día, relacionando conceptos y herramientas como la Programación Neurolingüística, Inteligencia emocional, Coaching, Pensamientos Positivos, Persuasión Subliminal, etc.

En su consulta privada continúa elaborando programas de salud como el Check-up. Un método rápido para evaluar su salud, línea light el mejor método para control de peso, Diagnostik: medición de indicadores de salud, protocolos de salud para los pacientes con enfermedades como hipertensión arterial, hipercolesterolemia, menopausia, disfunción eréctil, etc.

Es invitado a múltiples conferencias de estilo de vida saludable, nutrición para tratamiento de enfermedades, desarrollo humano, bienestar, etc.

Escribe el libro denominado. Herramientas Psicológicas para Adelgazar, y posteriormente el programa Salud Máxima, con el que participa en Iniciativa México, el libro Consejos de un experto en salud para estar sanos y el libro 10 Herramientas de salud y bienestar.

Actualmente es conductor del programa Salud: La Otra Dimensión por TV internet contactotv.mx, escribe en el Periódico Contacto Hoy los jueves, con temas relacionados con la salud y el desarrollo del potencial humano, es catedrático de la Escuela Preparatoria Diurna de la UJED, atiende su consulta privada y da conferencias en diversas partes de México.

DR. FCO. JAVIER SOLIS ESTUPIÑAN

"La salud es un concepto integral que requiere hoy más que nunca la participación de cada uno de nosotros para aspirar al máximo bienestar, al que tiene derecho cualquier ser humano".

- ❖ ESPECIALIDAD EN ADMINISTRACION DE SERVICIOS DE SALUD
- ❖ RESIDENCIA ROTATORIA DE 6 AÑOS EN MEDICNA INTERNA, PEDIATRIA, CIRUGIA, GINECOOBSTETRICIA, ORTOPEDIA EN EL HOSPITAL DIVINA PROVIDENCIA A.C
- ❖ SUBSECRETARIO DE SALUD
- ❖ DIRECTOR SERVICIOS DE SALUD
- ❖ SUBDIRECTOR HOSPITAL PROVIDENCIA A.C.
- ❖ COMENTARISTA EN TEMAS DE SALUD
- ❖ AUTOR DE PROGRAMAS DE SALUD
- ❖ DIPLOMADO EN HOMEOPATIA, ACUPUNTURA, HERBOLARIA
- ❖ DIVERSOS ESTUDIOS MEDICINAS ALTERNATIVAS
- ❖ AUTOR DE LOS LIBROS: HERRAMIENTAS PSICOLOGICAS PARA ADELGAZAR, PROGRAMA SALUD MAXIMA, CONSEJOS DE UN EXPERTO EN SALUD PARA VIVIR SANOS Y 10 HERRAMIENTAS DE SALUD Y BIENESTAR.

Prologo

Para Farmacia Salud es un privilegio formar parte de este libro que nos lleva a reconocer el papel que desempeña cada uno de nosotros, como seres humanos, en lograr una mejor salud, basada en el potencial que tenemos, y que en muchas ocasiones no alcanzamos ni siquiera a darnos cuenta de que existe.

Reconocer que la salud es un concepto que va más allá de la Medicina y de los sistemas de salud, aunque hay que reconocer su gran desempeño, nos permite aspirar como sociedad a alcanzar niveles máximos de bienestar, que debe ser un objetivo fundamental de vida. Reconociendo que tenemos necesidad de información y herramientas que nos permitan entender y concientizarnos primeramente y luego entrar en acción para ponerlos en práctica.

Es el caso de herramientas tan valiosas como sería el entrenamiento y utilización de la mente para mejorar nuestra salud; o bien el caso de técnicas o sistemas tan simples y de muchos años de existencia y prueba irrefutable de su eficacia y sencillez como el naturismo o bien el ayurveda.

O también utilizando las características de nuestra sociedad, como el caso de las empresas privadas y gubernamentales, para impulsar desde ahí un estilo de vida saludable, aprovechando la relación entre persona e institución, para ir generando hábitos de vida más congruentes con el bienestar para de ahí trasladarlos a la familia.

Por todo lo anterior, este libro del Dr. Fco. Javier Solís Estupiñan, representa otra visión: más integral, más innovadora, y basada en una amplia experiencia y trayectoria en el campo de la salud y la medicina para informar, concientizar y generar el cambio a través de nuevas políticas públicas de parte de los gobiernos, y de la movilización de la población para alcanzar una mejor salud.

Este libro será un éxito, y un parteaguas para la salud y el bienestar del siglo XXI.

Norma Lilia Pérez Del Campo. Directora General de Farmacia Salud

Introducción

Es importante hoy día, cambiar nuestra visión de la salud debido a que los sistemas de salud en el mundo están al borde de la quiebra financiera, debido a las enfermedades crónico-degenerativas, por lo que urge aprovechar el potencial de cada persona al asumir su responsabilidad en el cuidado de su salud así como otras perspectivas de la salud en beneficio de toda la sociedad. Aquí le presentamos este re-enfoque que nos puede llevar a la transformación de los conceptos, las acciones y las políticas públicas en el campo de la salud y el bienestar.

¿Por qué re-enfocar la salud?

Pudiéramos iniciar con estadísticas mundiales y locales de los avances de la enfermedad por un lado y de los grandes avances de la salud en la búsqueda constante y permanente por mantener la salud de los seres humanos, pero sin embargo, y reconociendo por supuesto los grandes esfuerzos políticos, económicos, sociales que se desarrollan en el mundo por luchar contra las enfermedades, estamos viviendo una realidad en la que destaca el papel pasivo que le hemos inculcado a las personas sobre su responsabilidad en el cuidado de su salud, lo que nos ha ido llevando a grandes pandemias cono la de la obesidad, la diabetes mellitus, las enfermedades cardiovasculares, los problemas autoinmunes, los accidentes, etc. en los que el papel fundamental para llegar a estos casos es el que juega cada persona, aclarando que pueden influir otros factores, y que nos queda claro al final de cada caso de que se pudo haber hecho mucho para evitar muertes o discapacidades prematuras y todo lo que esto implica a nivel individual, familiar, laboral y gubernamental.

Las historias de casos en los que fallece tempranamente el padre de familia que deja una esposa y dos o tres hijos pequeños, por un infarto repentino a los 45-50 años de edad, un derrame cerebral, insuficiencia renal que lo lleva a una vida difícil y muchas veces a esperar un trasplante renal que lo puede mantener con vida, una familia que tiene que solventar los gastos que muchas ocasiones puede conducir a la ruina económica (gastos catastróficos en salud), además de la carga social y de tiempo que implican estas enfermedades desgastando a la familia por completo.

Lo anterior como una muestra de que independientemente de que debemos seguir desarrollando y utilizando la atención médica a través de los sistemas de salud, hoy más que nunca es el tiempo y la hora de transformar y cambiar la visión de la salud a través de un re-enfoque que ponga en juego el papel que nos corresponde a los seres humanos para mejorar nuestra salud, que quede claro, no solo de evitar la enfermedad, sino que a través de las acciones que realicemos, alcancemos una salud máxima.

Reconocer e identificar ángulos o vertientes de los diferentes sistemas de salud que han trabajado intensamente, en ocasiones por siglos, para mantener y mejorar la salud, el bienestar, la vitalidad, la energía de los seres humanos como son las medicinas alternativas, la medicina ayurvédica, la salud a través de nuestros pensamientos, las nuevas herramientas del desarrollo personal y humano, decisiones gubernamentales innovadoras, etc. para lograr que este re-enfoque logre el objetivo fundamental de todos los seres humanos que habitamos este planeta: salud y bienestar óptimos.

En este libro pretendemos dar un enfoque personal que hemos dividido en 10 dimensiones que debemos de abordar para tener un re-enfoque que nos permita incidir en la salud de la sociedad, si lo hacemos a través de este abordaje múltiple, lograremos influir en diversos segmentos poblacionales y sobre todo iremos construyendo las bases de la cultura del autocuidado como factor fundamental de la salud y el bienestar

Justificación

EL RE-ENFOQUE DE LA SALUD:
Transformar conceptos-acciones-políticas para
alcanzar niveles máximos de bienestar

En las últimas décadas estamos asistiendo a cambios vertiginosos en el área de la salud. Dichos cambios han sido propiciados por diversos factores que se han ido sucediendo a lo largo del siglo XX.

Actualmente, la salud ya no se conceptualiza como la ausencia de enfermedad sino como un estado positivo de bienestar según Stone en el año 1979. Desde los orígenes de la humanidad, la salud y la enfermedad, han sido fuente de preocupación para el ser humano. Hasta el siglo XX, la salud se conceptualizó como la ausencia de enfermedad. De hecho desde el modelo médico se entendía la salud como algo que hay que conservar o curar frente a agresiones puntuales (ej., accidentes, infecciones), incluso, en la actualidad, la gente de la calle cuando se refiere a ese término generalmente piensa sólo en los aspectos físicos, raramente en los aspectos psicológicos y conductuales asociados a la misma

En los últimos años hemos presenciado un giro en la conceptualización de salud, considerándose a la misma como algo que hay que desarrollar y no como algo que hay que conservar. En consonancia con este enfoque, en 1946 las Naciones Unidas fundaron la Organización Mundial de la Salud e incluyeron en el preámbulo de su constitución la siguiente definición: "la salud es un estado de completo bienestar físico, mental y social y no meramente la ausencia de dolencias o enfermedad" (WHO, 1947). Esta conceptualización positiva, incluso utópica, nos lleva a abordar la misma como un concepto multidimensional, que considera sus aspectos biológicos, psicológicos y sociales.

Otro factor, que ha contribuido al cuestionamiento del quehacer en el campo de la salud ha sido el coste elevado de los cuidados de salud. Sin lugar a dudas, un factor determinante en los cuestionamientos del quehacer en el campo de la salud ha sido el incremento acusado de los costes derivados del cuidado médico. Los costes médicos cada año suponen una mayor porción del producto interno bruto. Así, por ejemplo, en EE.UU. de 1975 a 1987 el coste anual total de cuidado de la salud se incrementó en 591 dólares por persona, o lo que es lo mismo, un 236% más, además de producirse un incremento anual respecto al período comprendido entre 1960 y 1975. En 1987 los americanos gastaron más de 500 mil millones de dólares en cuidados de salud, cantidad que representa el 11,1% del PIB, más del doble que la gastada en 1960 (5,3%) (USBC, 1990). En España, en 1990, los gastos se dispararon a la nada despreciable cantidad de 2,3 billones de pesetas.

Por otro lado, desde el siglo XIX el modelo principal de la salud y la enfermedad ha sido el modelo biomédico. Éste explica la enfermedad en términos de parámetros físicos y la biología molecular es su disciplina científica básica. El modelo biomédico implica que las cuestiones psicosociales no son responsabilidad de los médicos. La noción de que la enfermedad era causada por un patógeno específico estimuló el desarrollo de las drogas sintéticas y la tecnología médica y suscitó el optimismo que muchas enfermedades podrían ser curadas. Sin embargo, el punto de vista de que una enfermedad se encuentra en un agente específico ha dado al campo médico una perspectiva que se focaliza más sobre la enfermedad que sobre la salud. Además, este modelo médico define la salud exclusivamente en términos de ausencia de enfermedad. Aunque el modelo biomédico de enfermedad ha predominado, unos pocos médicos han comenzado a defender una aproximación holística a la medicina, esto es una aproximación que considera los aspectos sociales, psicológicos y fisiológicos (ej., Brody, 1973; Engel, 1977; Janoski y Schwartz, 1985).

Durante el último cuarto del siglo XX, más médicos, muchos psicólogos y algunos sociólogos han incluso comenzado a cuestionarse la utilidad del modelo biomédico. Reconocen que dicho modelo ha significado un importante progreso, pero cuestionan la limitación a que impone al concepto de salud. Hace dos décadas, ha comenzado a emerger un modelo alternativo, que no sólo incorpora factores sociales sino que también incluye los psicológicos y los sociales. Éste se ha acuñado con el nombre de modelo biopsicosocial, en que la salud es vista de nuevo como una condición positiva.

Actualmente, en el campo del cuidado de la salud, la gente está debatiendo cuál es el modelo que deberían usar los investigadores y los clínicos. Algunos han mostrado su insatisfacción con el modelo médico tradicional y han cuestionado su idoneidad. Ahora bien, esa insatisfacción no es un motivo suficiente para provocar un cambio. Se requiere la disponibilidad de un modelo alternativo, que debe reunir la fuerza del modelo antiguo más la capacidad de resolver los problemas en los que ha fracasado el modelo antiguo.

Los defensores del modelo biopsicosocial creen que reúne ambas cuestiones. Cada vez tiene más defensores y menos detractores, sin embargo, el modelo médico continúa siendo el modelo dominante en este inicio del siglo XXI (Brannnon y Fiest, 1992).

Ahora bien, al margen de lo que puedan creer los profesionales de la salud, y un aspecto a tener muy en cuenta, es que mucha gente que no está familiarizado con el modelo biopsicosocial de enfermedad, sin embargo, creen que los factores psicológicos y sociales, así como los biológicos, influyen en la salud y en la enfermedad. La investigación en el área de cómo la gente conceptualiza la enfermedad ha demostrado que la gente usa explicaciones psicológicas, sociales y biológicas en la formulación de sus puntos de vista acerca de la enfermedad.

Hay que reconocer que existen muchos intentos para que, desde otra óptica, se mejoren los resultados de la atención medica vigente, pero casi siempre en base al modelo biomédico. Un ejemplo interesante de la necesidad de re-enfocar la salud lo podemos apreciar en el resumen del siguiente artículo del Instituto Mexicano del Seguro Social en México que dice lo siguiente "Ante el problema epidemiológico que presentan las enfermedades crónico-degenerativas y el impacto en los servicios de salud, el Instituto Mexicano del Seguro Social (IMSS) implementó dentro de sus unidades, el programa PREVENIMSS. La clínica 32 del estado de Puebla con el propósito de contribuir y dar cumplimiento, conformó el programa denominado "Modelo de atención integral de enfermería" para personas con diabetes mellitus en la Unidad de Medicina Familiar No. 57 "La Margarita". Los resultados fueron contundentes en el control de los niveles de glucosa. Concluyendo: Se demostró que la integración de enfermería en los programas de atención a los padecimientos crónicos en conjunto con el equipo interdisciplinario de salud y los familiares, son necesarios para re-enfocar funciones y contribuciones específicas a través de modelos de atención de enfermería integral"

En este re-enfoque que realizaron de los servicios de enfermería de una de las clínicas del IMSS, se valora la necesidad de implementar nuevas estrategias de la atención a la salud, y se demuestra científicamente que debemos llevar estos nuevos modelos a la práctica para enfrentar con mayor posibilidad de éxito las enfermedades y lograr además, un mayor bienestar en la sociedad.

Lo más importante para un servidor es que independientemente del modelo, considerando el biomédico, o los agregados al biopsicosocial, lo real es que necesariamente debemos, por un lado mantener lo funcional, lo óptimo del modelo y empezar a transitar en una nueva dirección, donde el paso inicial y base fundamental del modelo sea el re-enfoque, comenzando con el concepto de la visualización de la salud y el bienestar como el desarrollo pleno de nuestras potencialidades como seres humanos que debemos aprovechar y utilizar, no olvidando el otro concepto siguiente y fundamental que es el de la responsabilidad de cada uno de nosotros en el cuidado y mejora de la salud, para que de esta manera sentemos las bases y el predominio del modelo biopsicosocial con un re-enfoque de los conceptos, acciones y la alineación de las políticas públicas.

Nosotros en lo personal, después de haber transitado por los grandes avances de la medicina, así como reconocer las grandes emociones que vivimos durante dicho ejercicio profesional, también hemos observado y experimentado de cerca otras formas de ver y mejorar la salud, lo que me ha obligado a voltear y ver la salud desde otra óptica, reflexionando sobre la necesidad de buscar diferentes ideas y conceptos de la salud y el bienestar, así como observar la forma en que han evolucionado a lo largo del tiempo, para replantearme y replantearle a la sociedad la necesidad que tenemos los seres humanos de lograr mejores niveles de salud y bienestar asumiendo y actuando nuestra responsabilidad, a través del estilo de vida que practicamos, pero incluso más allá de lo anterior ejerciendo una nueva visión del concepto de la salud a través de las siguientes dimensiones:

- **La nutrición celular como base de la salud y bienestar**
- **Medicinas energéticas: otra visión de la salud**
- **La influencia de la mente para generar o mejorar la salud**
- **Naturismo como estilo de vida**
- **Medicina alternativa: terapias para mejorar la salud**
- **Técnicas para mejorar la salud: Programación Neurolingüística y Coaching**
- **Cambio en la Educación para la salud.**
- **Estilo de vida saludable en el trabajo**
- **Políticas públicas saludables: las bases para otra visión del bienestar**
- **Perfil de los médicos directivos. Una visión eficiente y de calidad en la salud.**

Claro, hay que reconocer, de inicio, que no es fácil cambiar el enfoque que ha predominado a través de los siglos, y que nos ha llevado a ser una sociedad medicalizada, donde todo gira alrededor de la enfermedad y su recuperación, desde los estudios en Medicina, las especialidades médicas, los hospitales, los sistemas de salud, la ciencia y tecnología para diagnóstico y tratamiento de muchas enfermedades, hasta las políticas públicas gubernamentales que finalmente son las que enmarcan todas nuestras acciones y pensamientos en tener simplemente salud como antagónico de la enfermedad.

A pesar de muchas tendencias y años de evolución, no hemos sido capaces de enfrentar los retos que implicaría un cambio radical de los conceptos de salud y bienestar para lograr el re-enfoque que nos permita socializar y culturizar dichos conceptos que son claves para mejorar, y que quisiéramos alcanzar, lo cual lograríamos si tenemos, primeramente, la visión que nos guie hacia estos nuevos conceptos que tanto necesitamos.

Por todo lo anterior, me voy a permitir explicarle un nuevo enfoque de la salud a través del análisis y revisión de estos nuevos conceptos mencionados anteriormente, como claves de la salud y el bienestar.

1

La nutrición celular como la clave de la salud y bienestar

Introducción: En los sistemas de salud del mundo occidental predomina todavía la cultura de la enfermedad sobre la cultura de la salud. Los proyectos que aspiren a estimular el desarrollo de esta última deben hacer todo lo posible por minimizar el ineludible deterioro biológico del cuerpo y por disminuir su vulnerabilidad mediante acciones de prevención, encuadradas en la denominada medicina prospectiva o preventiva, antes de que sea necesario recurrir a acciones encaminadas a curar o a paliar el sufrimiento.

Durante la primera década del siglo XXI la preocupación por la salud, individual y colectiva, definida como un bienestar físico, mental y social integrado, viene recortando lentamente el dominio excesivo de la preocupación por la enfermedad. Este desplazamiento de la preocupación principal desde la enfermedad hasta la salud, y de los recursos aportados, condiciona que el influjo social de la cultura de la enfermedad se vaya sustituyendo por la búsqueda de un equilibrio entre ella y la cultura de la salud; una cultura que se centra en la promoción de la salud y en la prevención de la enfermedad con el objeto de vivir, individual y colectivamente, una vida lo más sana y larga posible.

Este cambio de paradigma se está ya posicionando, por ejemplo, en la salud pública de Canadá, bajo la denominación de culture de la santé, y en los Estados Unidos, con la health culture, una opción desarrollada con esta denominación, en principio, por las grandes corporaciones, preocupadas por la asociación entre el estado de salud y el rendimiento de sus empleados.

Desde el año 2007 el Gobierno de los Estados Unidos desarrolla, a través del United States Department of Health and Human Services, programas de una década de duración, bajo el título Healthy People (Gente sana), cuyo objetivo es la promoción de la salud y la prevención de la enfermedad. En el programa que se dio a conocer para la presente década con el nombre de Healthy People 2020 se enumeran cuatro ambiciosos objetivos: 1) Eliminar las enfermedades, las incapacidades, los traumatismos y las muertes prematuras que puedan prevenirse. 2) Conseguir la equidad en el cuidado de la salud, eliminando las disparidades y mejorando la salud de todos los grupos. 3) Crear un entorno físico y social que promueva una buena salud para todos. 4) Promover el desarrollo y las conductas saludables a lo largo de todas las edades de la vida.

En Alemania este nuevo objetivo se ha presentado como Kultur der Gesundheit, mientras que en Colombia y en México se utiliza la expresión "cultura de la salud". En España, aunque la atención que se ha dedicado a la reflexión sobre la cultura de la salud y a su prioridad ha sido limitada, algunas asociaciones se ocupan ya de difundir sus bases conceptuales y sus aplicaciones prácticas.

En el año 1946 la ya clásica definición de la Organización Mundial de la Salud dejó establecido que la salud es un estado de completo bienestar físico, mental y social, y no simplemente la ausencia de enfermedad, definición confirmada en la histórica conferencia sobre asistencia primaria de la salud que se celebró en 1978 en Alma-Ata, la antigua URSS.

En el contexto de cada época histórica y de cada sociedad, los cuerpos enfermos se han ido transformando en construcciones culturales muy diversas mediante el uso de metáforas, siempre a partir de la difícil distinción entre lo "normal" y lo "patológico". Desde estas construcciones se despliega y se contrapone la retórica de la enfermedad, como abstracción del cuerpo enfermo, a la de la salud, abstracción del cuerpo sano. De la confrontación entre ambas retóricas se ha generado la cultura de la salud, hasta ahora minoritaria.

En la cultura de la enfermedad, y al inicio del siglo XXI, dos son los modelos teóricos dominantes en la práctica médica, en mayor o menor grado según la sociedad considerada, que tienen una especial influencia en la relación entre el paciente y el médico: el modelo biomédico y el biopsicosocial.

En el modelo biomédico, centrado en la enfermedad (disease-oriented-medicine), la prioridad es conseguir un diagnóstico certero que permita aplicar un tratamiento efectivo. La atención del médico se concentra en el espacio corporal del paciente y, de modo especial, en aquellas áreas donde se supone que se asienta la enfermedad –áreas que son los territorios acotados por los especialistas– y no en la integridad anatómica y funcional del paciente considerado como persona que sufre las consecuencias de la enfermedad.

En el modelo biopsicosocial, un modelo centrado en el paciente (patient-centered-medicine), el médico procura "penetrar" en su microcosmos como persona mediante la mirada y la palabra, para conocer mejor qué es lo que en él "va mal". No obstante, incluso en las variantes que buscan la cercanía del paciente y su trato como persona, la cultura de la enfermedad no deja de ser una medicina reactiva, programada para reaccionar ante el hecho consumado que es la enfermedad; una cultura que favorece la sobreactuación médica, con el consiguiente despilfarro de recursos; una cultura propicia a que se exageren las acciones diagnósticas y terapéuticas, sin la suficiente crítica sobre la necesidad de realizarlas.

La cultura de la enfermedad, sometida a la exigente presión del mercado (se habla explícitamente en estos tiempos de "mercado de la salud" y de "turismo médico"), ha propiciado el desarrollo de una medicina mercantilizada y mediática. Una cultura que, a veces, parece estar más interesada en la continua "modificación del cuerpo", de la geografía de su superficie, aunque sea a contracorriente de las edades, que en apostar por la recomendación y el seguimiento de un estilo de vida saludable que frene el ineludible deterioro biológico, reduzca la vulnerabilidad del cuerpo y aumente la esperanza de una vida vivida con la mejor calidad posible.

El re-enfoque de la salud a través de la nutrición celular: En las últimas décadas, hemos sido testigos de grandes avances médicos y de investigación relacionadas con la importancia de los nutrientes en la salud de la célula y por lo tanto del organismo, Myron Wentz lo resume muy claramente al decir: "la célula, elegante, llena de recursos, maravillosamente intrincada. Unidad fundamental de vida. Envenenémosla, dañémosla o matémosla de hambre, y el daño resultante causara degeneración y enfermedad. Nutrámosla, protejámosla y alimentémosla con los nutrientes que requiere y se reparara a sí misma, dando salud y longevidad".

Louis Ignarro, premio Nobel de medicina en 1998 por su descubrimiento de la liberación del óxido nítrico como protector del endotelio vascular que permite evitar infartos del corazón y del cerebro a través de la ingesta de los aminoácidos arginina y citrulina, en su libro: "Salud es riqueza", plantea un re-enfoque de la salud y la enfermedad por los términos biowealth y biodeth respectivamente, como sinónimos de energía, vitalidad y déficit, originando, este último, una depleción-deficiencia y disfunción nutricional, lo cual nos lleva a la larga a tres síndromes principales: síndrome sedentario- inflamatorio (obesidad + diabetes + enfermedad cardiovascular), síndrome de desequilibrio por estrés (estrés crónico + insomnio +depresión crónica) y síndrome de disfunción ósea (osteoporosis + osteoartritis,) sustentando las bases de la nutrición celular como el factor importante para vivir sanos o menos sanos, aclarando que los déficits nutricionales se generan en muchos años antes de que aparezcan los síntomas y signos de la enfermedad, y en consecuencia la recuperación será en sentido inverso, proporcionando al organismo los nutrientes deficitarios el mismo tiempo que se mantuvieron deficientes.

Para entender mejor este reenfoque daremos el siguiente ejemplo: la disfunción cardiovascular (que en el lenguaje medico significa: hipertensión arterial, angina de pecho, arritmia cardiaca, insuficiencia cardiaca, etc.) presenta deficiencia primaria de Picolinato de de cromo, ácidos grasos omega 3, coenzima -Q10, vitamina D, aminoácidos, antioxidantes (incluye el Ácido Alfalipoico), además de la falta de alimentos ricos en otros nutrientes de apoyo como sería por ejemplo, entre muchos otros, el Té verde y la granada (por sus grandes concentraciones de nutrientes que favorecen la salud cardiovascular), siendo estas deficiencias las que a la larga provocan el desarrollo de dichas enfermedades cardiovasculares, por lo tanto una medida importante para revertir este síndrome seria el incluir dichos nutrientes por largos periodos (años) y en cantidades suficientes. Además de considerar bajo un concepto holístico de la salud lo siguiente:

- Reducir peso corporal.
- Aumentar actividad física.
- Reducir los niveles de colesterol LDL.
- Reducir niveles de glucosa en ayunas
- Reducir la Presión arterial
- Dieta balanceada

De esta forma estamos tratando al organismo de una manera integral, pero sobre todo con un enfoque diferente. Solo habría que considerar circunstancias específicas, como sería el no dejar los tratamientos médicos convencionales que el paciente este tomando, ya que mientras se corrigen los déficits nutricionales, el problema continua por lo cual es necesario mantener un control adecuado de la enfermedad. Sería justo aprovechar este momento para reconocer también la medicina hegemónica que tiene grandes avances en el diagnóstico y tratamiento de estas enfermedades, pero aquellas personas que no hayan llegado a estas enfermedades tomen conciencia de lo que deben hacer para evitarlas para tener muchas probabilidades de vivir mejor por muchos años, disfrutando de una excelente salud, energía y bienestar.

La complementación nutricional que va al origen a nivel celular, debe ser considerado seriamente por médicos, gobiernos y sociedad en general como una excelente alternativa de apoyo para frenar los procesos crónico-degenerativos mejorando el proceso natural de envejecimiento que tenemos todos los seres humanos y logrando grandes ahorros en los sistemas de salud, los cuales desde hace muchos años están desbordados, desde el punto de vista financiero, y con muchas dificultades para generar los recursos humanos que hacen falta para atender tantas enfermedades de esta naturaleza.

Conviene considerar que los déficits nutricionales van acompañados de factores de riesgo que tenemos cada uno de nosotros y que también influyen en el desarrollo de enfermedades, por lo que las intervenciones médico-nutricionales deben considerar al ser humano como algo integral.

Podemos encontrar conceptos semejante o iguales en sus bases, como es el caso de la nutrición ortomolecular, nanotecnología en salud, suplementación nutricional, pero que finalmente tienen como objetivo nutrir a la célula y sus organelos para mejorar su funcionamiento hasta niveles óptimos.

Finalmente, en este capítulo, debo decir que el re-enfoque de la salud nos permite como pacientes responsabilizarnos de nuestra salud, pero también nos obliga a replantearnos como médicos la necesidad de aumentar nuestro arsenal diagnóstico y terapéutico, a través del estudio y aplicación de los conceptos de la nutrición celular; y como gobiernos, se deben reformular las políticas que permitan aterrizar estos conceptos de la nutrición celular a través de programas nuevos que coadyuven a mejorar el consumo de nutrientes para lograr una mejor salud.

Para visualizar la importancia de esta capitulo recordemos lo que escribió el filósofo Hans-Georg Gadamer en el prefacio de su libro El enigma de la salud, "el cuidado de nuestra propia salud es una manifestación original de la existencia humana"

2

Medicinas energéticas: Otra visión de la salud.

Cuando estudié medicina, los conceptos de otras medicinas como la homeopatía era en el sentido de lo que me habían enseñado mis maestros, y de ahí mis expresiones como -la homeopatía es lo mismo pero en dosis "bajitas", o bien - la acupuntura es buena para aliviar el dolor localmente-, conceptos que cambie radicalmente al tener la oportunidad de utilizarlas en forma personal para una migraña y alergias, por lo cual decidí estudiar diplomados en Homeopatía y Acupuntura observando desde el principio que era totalmente diferente el enfoque y los conceptos de salud a través de los equilibrios energéticos y de estimulación de los propios mecanismos del cuerpo para recuperar la salud.

A través de los años y de múltiples estudios que así lo confirman hoy podemos observar que la homeopatía es una medicina energética, ya que químicamente en las diluciones utilizadas no hay sustancia, solo queda la parte energética que estimula los receptores a nivel celular para generar una respuesta que mejora la función celular y por lo tanto observamos una respuesta terapéutica. Lo mismo podemos decir de la acupuntura que incluso hoy podemos tener acceso a equipos que miden los puntos acupunturales para medir, energéticamente hablando, los excesos o deficiencias de los meridianos que corren por nuestro organismo, y por lo tanto establecer el tratamiento para equilibrar la energía y recuperar la salud.

Que decir de equipos sofisticados y utilizados actualmente como el SCIO, EL MORA, etc., basados en la Biorresonancia, la cual está basada en la Biofísica de la Mecánica Quántica, la cual establece que todos los seres vivos están compuestos por campos electromagnéticos y que todo proceso bioquímico esta precedido por vibraciones y partículas subatómicas que dictan la conducta fisiológica individual. Dichas oscilaciones pueden ser captadas por un aparato de Biorresonancia, de la misma forma en que una radio puede captar diferentes frecuencias, y que varía de acuerdo a procesos inflamatorios o degenerativos, lo cual puede ser medido por estos equipos para que luego a través de la emisión de las frecuencias sanas y por el fenómeno de Biorresonancia recuperar el estado saludable de las células y órganos del cuerpo. Por eso hoy ampliamos estos conceptos de medicina energética como un enfoque diferente de la salud para ampliar nuestros conceptos y arsenal terapéutico con el fin de continuar mejorando la salud de nuestros pacientes y tratar de predecir alteraciones que cambiando nuestro estilo de vida podemos llegar a evitar.

El re-enfoque de la salud a través de las Medicinas energéticas, otra visión de la salud.

Medicina Energética.- Podemos decir que la medicina energética es un subconjunto de la medicina complementaria y alternativa que actúa con campos energéticos de dos tipos:

➢ Comprobados, que pueden ser medidos
➢ No comprobados, que todavía deben ser medidos

Las energías comprobadas utilizan vibraciones mecánicas (como el sonido) y fuerzas electromagnéticas, incluyendo luz visible, magnetismo, radiación monocromática (como los láseres), y rayos de otras partes del espectro electromagnético. Involucran el uso de amplitudes de onda y frecuencias específicas y mensurables para tratar a los pacientes.

En contraste, los campos energéticos no comprobados (también llamados biocampos) han desafiado las mediciones por métodos reproducibles hasta la fecha. Las terapias que involucran campos de energía no comprobados están basados en el concepto de que los seres humanos están imbuidos (are infused) de una sutil forma de energía. Esta energía vital o fuerza de vida es conocida con diferentes nombres en diferentes culturas, como qi en la medicina China tradicional, ki en el sistema Kampo Japonés, doshas en la medicina Ayurvédica, prana en la India, y como también es conocida en otros lugares, energía etérica, mana, resonancia homeopática, etc. Se cree que la energía vital recorre el cuerpo humano material, pero no ha sido inequívocamente medida mediante instrumentos convencionales. Sin embargo, los terapeutas afirman que ellos pueden trabajar con esta energía sutil, verla con sus propios ojos, y utilizarla para efectuar cambios en el cuerpo físico e influenciar la salud.

Los terapeutas de medicina energética creen que la enfermedad es el resultado de nudos o interrupciones de estas energías sutiles (el biocampo). Por ejemplo, más de

2000 años atrás, terapeutas asiáticos postularon que el flujo
y balance de la energía vital son necesarios para mantener la
salud y describieron herramientas para recuperarla. Hierbas
medicinales, acupuntura, digitopuntura, moxibustion,
cupping, por ejemplo, se creían que actuaban corrigiendo
desequilibrios en el biocampo interno, restaurando el flujo de
qi a través de los meridianos para restaurar la salud. Se cree
que algunos terapeutas emiten o transmiten la energía vital (qi
externo) al destinatario para restaurar salud.

En la mayor parte de este siglo", dice William Tiller, Ph.D.,
de la Universidad de Stanford, "la ciencia y la medicina
han visto la salud como algo dependiente del equilibrio
químico del cuerpo y el funcionamiento de las estructuras
físicas. Sin embargo, los intentos que se han hecho para
tratar ciertas enfermedades y desequilibrios frecuentemente
conducen, desde el punto de vista químico, a efectos
secundarios indeseados producidos por los medicamentos
o a que el cuerpo se torne insensible a los productos
químicos. Ese hecho ha conducido a muchos médicos y
profesionales de la salud a mirar más allá de las terapias
con fármacos convencionales y probar en el campo de la
medicina energética. Muchos de los sistemas diagnósticos
más sofisticados empleados en la actualidad en la medicina
convencional, como el ECG (electrocardiograma), el EEG
(electroencefalograma), el EMG (electromielograma) y
el MRI (imágenes de resonancia magnética) emplean los
principios de la medicina energética. La medicina energética
o medicina bioenergética, como se le llama a veces, se
refiere a las terapias que usan un campo de energía eléctrico,
magnético, sónico, acústico, de microonda, infrarrojo para
visualizar o tratar estados de salud mediante la detección
de desequilibrios en los campos de energía del cuerpo y
corregirlos posteriormente. La detección de los desequilibrios
en los niveles de energía en el cuerpo es esencial para proveer

un primer sistema de advertencia para las interrupciones potenciales en la balanza química que puede conducir a la aparición de una enfermedad. Esa balanza puede entonces restaurarse mediante el uso de terapias holísticas o mediante dispositivos de tratamiento que vuelvan a equilibrar los niveles de energía de los diversos campos antes de que ocurran perturbaciones estructurales o químicas.

Dentro de las medicinas energéticas vamos a considerar algunas de ellas, pero conviene comentar que existen muchas otras, que sería conveniente profundizar en su estudio y su viabilidad, para ser consideradas para su aplicación por la sociedad.

Acupuntura

Muchos de los dispositivos empleados en la medicina energética están basados en el sistema de meridianos de acupuntura. La acupuntura trabaja sobre el principio de que existe una red de canales de energía, llamados meridianos, por todo el cuerpo. Diferentes órganos están asociados con diferentes meridianos de energía y los problemas de salud en varios órganos aparecen como perturbaciones de energía en los meridianos asociados. Los puntos de acupuntura o acupuntos, son los puntos dispuestos a lo largo de esos meridianos donde puede medirse y manipularse y medirse el flujo de energía. Desde la década del 40, algunas investigaciones conducidas han establecido que esos puntos de acupuntura poseen una conductividad eléctrica. Médicos alemanes, bajo la conducción de Reinhold Voll, M.D., midieron los cambios en la conductividad eléctrica en cada uno de los puntos de acupuntura del cuerpo. Así descubrieron que la resistencia eléctrica de la piel disminuye considerablemente en los puntos de acupuntura cuando se comparan con la piel del área que los rodea. También encontraron que cada punto parecía tener una medida estándar para alguien con una buena salud (cuando existe un flujo constante de bioenergía o chi, en los meridianos). Esta medida cambia cuando la salud se deteriora.

El Dr. Voll desarrolló un preciso instrumento de medición conocido como el Dermatron que le permitió medir la resistencia eléctrica en los puntos de acupuntura. Descubrió que las lecturas más bajas o más altas que las normales en un determinado punto de acupuntura indica un problema en el órgano que corresponde a ese acupunto; más alto, generalmente significa que hay irritación o inflamación en el órgano y más bajo generalmente indica agotamiento o degeneración. Los acupuntos que corresponden a tejidos y órganos específicos son conocidos como puntos de medición de control (PMC) debido a que ellos dan una indicación general de la salud del órgano o tejido como un todo. También existen puntos específicos que indican cómo están funcionando las diversas partes de cada órgano. Si el PMC de un determinado órgano da una lectura pobre, entonces se pueden checar los puntos de las diversas partes de ese órgano. Cualquier parte del órgano que muestre un desequilibrio ese es el lugar de la disfunción. Hasta la actualidad existen más de 2 000 de esos puntos que se han establecido como que tienen relaciones específicas con los órganos internos. Un médico hábil puede, en un tiempo relativamente corto, descubrir no solamente cuáles son los órganos que tienen problemas, sino qué parte del órgano está funcionando mal y qué otros órganos afecta, si ese es el caso. Así se hace posible encontrar la causa raíz de cualquier problema. Esta técnica de evaluación se hizo conocida como "Electro acupuntura de Voll" (EAV) y es la base de todos los dispositivos de remodelación biológica de electro acupuntura (también conocidos como dispositivos de visualización electro dérmica) que se usan en la actualidad.

Mientras que los dispositivos de remodelación biológica de electro acupuntura pueden ser una poderosa herramienta para evaluar estados de salud en el organismo, los dispositivos de tratamiento ayudan a completar el círculo ya que le permite al profesional de la medicina energética otra terapia viable con la cual combatir las enfermedades, muchas veces incluso antes de que puedan manifestarse, mediante el re-equilibrio con éxito del flujo de energía corporal. A continuación revisamos algunos de los tipos de instrumento más comúnmente usados:

Equipos de Biorresonancia: SCIO y MORA

Todos los procesos biológicos son esencialmente una composición de señales electromagnéticas que pueden describirse mediante una compleja forma de onda. La salud puede considerarse como una onda suave, mientras que la enfermedad se identifica por variaciones indeseables sobre esa onda y que pueden ser más altas o más bajas. El Dr. Morrel tuvo la idea de tomar las señales electromagnéticas directamente del cuerpo y manipular las anormales formas de onda al aumentarlas o disminuirlas para crear ondas normales. Estas ondas corregidas entonces se introducen en el paciente, con el uso del dispositivo, a través de los correspondientes acupuntos. Las señales pueden tomarse de cualquier área del cuerpo, modificarse y luego devolverse a esa área específica. Ya que el MORA y el SCIO emplean solamente las señales electromagnéticas que vienen directamente del paciente, éste puede caracterizarse como una terapia verdaderamente natural. "El punto crucial de estos equipos es que la enfermedad se considera como una cuestión de información electromagnética equivocada", dice Anthony Scott Morley, D.Sc., PhD., M.D. (alt. med.), de Dorset, Inglaterra. "Estos instrumentos captan la información de onda del paciente y la corrigen. No se introduce ninguna señal eléctrica artificial.

En este sentido se trata de una forma sumamente pura de tratamiento debido a que tiene que ver solamente con la información de onda del paciente." El MORA y el SCIO se han usado exitosamente en el tratamiento de las enfermedades de la piel, los dolores de cabeza, las migrañas, los dolores musculares y los problemas circulatorios y puede usarse en combinación con prescripciones homeopáticas. Aunque se han usado primariamente para el tratamiento, también pueden usarse como instrumentos diagnósticos que también usen medidas tipo Voll y Vega.

Terapia magnética

Imanes magnéticos han sido utilizados por siglos con el objetivo de aliviar dolor o de obtener otros beneficios afirmados (por ej., incrementar la energía). Numerosos reportes anecdóticos han indicado que individuos han experimentado significante, y a veces dramático, alivio de dolores luego de una aplicación en la zona afectada. Si bien la literatura de los efectos biológicos de los campos magnéticos está creciendo, aún falta más información de trabajos clínicos bien estructurados. Sin embargo, hay cada vez más evidencia de la influencia de los campos magnéticos en los procesos biológicos. Se ha demostrado recientemente que los campos magnéticos estáticos afectan la micro vascularización del músculo. Los microvasos que son inicialmente dilatados responden a un campo magnético contrayéndose, y los microvasos que están inicialmente contraídos responden dilatándose. Estos resultados sugieren que los campos magnéticos estáticos pueden tener un rol benéfico en el tratamiento de edemas o condiciones isquémicas.

La terapia electromagnética pulsante ha sido utilizada en los últimos 40 años. Un uso bien organizado y estándar es acelerar la curación de fracturas óseas. También se ha dicho que esta terapia es efectiva tratando artritis ósea, migrañas, esclerosis múltiple y desórdenes de sueño. Uno de los principales impulsores de los Campos magnéticos Pulsantes fue el Dr. Demetrio Sodi Pallares, a quien tuve la oportunidad de conocer y comentar sus conceptos e ideas en la utilización del Magnetismo en múltiples enfermedades, en conjunto con otras técnicas cono la solución polarizante, y la dieta metabólica (baja en sodio y alta en potasio), en lo que denominó la Terapia Metabólica, como son los problemas cardiovasculares, cáncer, enfermedades autoinmunes, etc. logrando una gran mejoría en muchos de estos casos, reforzando los beneficios mostrados en otros estudios científicos sobre los campos magnéticos pulsantes en diversas enfermedades. Algunos estudios en animales y células han sido realizados para elucidar el mecanismo básico del efecto de la terapia electromagnética de pulsos, como la proliferación celular y la unión celular superficial para factores de crecimiento, entre otros.

Homeopatía

Un acercamiento Occidental con implicaciones de medicina energética es la homeopatía. Los homeópatas creen que sus remedios movilizan la fuerza vital para orquestar respuestas curativas coordinadas a través del organismo. El cuerpo traduce la información de la fuerza vital en cambios locales físicos que llevan a recuperarse de dolores agudos y crónicos. Los homeópatas evalúan las carencias de fuerza vital para seleccionar dosis y ritmos de tratamiento, y juzgar el curso clínico más probable y el diagnóstico. La medicina homeopática está basada en el principio de similitud, y los remedios a veces son recetados en bajas concentraciones. En la mayoría de los casos, la dilución puede no contener absolutamente ninguna molécula de su agente original. Como consecuencia, los remedios homeopáticos, al menos cuando son aplicados en altas diluciones, no pueden actuar por medios farmacológicos, sino más bien energéticos. Además del estudio reportado por el laboratorio Benveniste y otros estudios más pequeños, estas hipótesis deben respaldarse más por investigaciones científicas. En lo personal hemos observado muchos beneficios en los pacientes sometidos a terapia homeopática

El futuro de medicina energética

El principal empuje de la medicina convencional basada en productos químicos es la intervención de la crisis en lugar de la prevención, a pesar de que se expresan frases como "calidad y calidez" "es mejor prevenir que curar"," nuestro objetivo es la prevención", etc. en la realidad siguen impulsando hospitales, clínicas, especialidades como sinónimo de salud, sin embargo las terapias tradicionales con fármacos también representan una seria amenaza de efectos secundarios conjuntamente con un alarmante aumento en las enfermedades y problemas iatrogénicos (daños inducidos por el tratamiento). También parece haber considerable aumento en el número de enfermedades crónico-degenerativas en el mundo occidental para las que la medicina química no tiene respuestas verdaderas. Se estima que entre el 60 y el 70% de los problemas presentado diariamente a los médicos de atención primaria desafían el diagnóstico y se consideran generalmente como de origen neurótico o psicosomático. La medicina del futuro será la medicina energética," dice el Dr. Jacobs, "y la medicina química será un subconjunto de la medicina como un todo. Probablemente el 80% de la medicina será la medicina energética y el otro 20 % será medicina química. Según el Dr. Jacobs, Rusia está actualmente al frente del mundo en el campo de la medicina energética. "Los médicos rusos emplean la energía de micro-ondas en los acupuntos para el tratamiento exitoso de muchos problemas de salud.

En la actualidad, no se conoce exactamente cómo es que estas diferentes formas de energía trabajan en el cuerpo, pero existe una considerable evidencia clínica de que éstas trabajan. El Dr. Jacobs también está llevando a cabo nuevas investigaciones por su cuenta, destacando la que realiza con el violinista de renombre mundial Yehudi Menhuin, el cual está ayudando a Jacobs a diseñar el equipo que analizará los patrones de habla y escucha para que éstos traten las enfermedades mediante el enfoque directo al cerebro de la energía de sonido, donde producirá productos neuroquímicos capaces de restaurar la salud al cuerpo. "El cuerpo es controlado por el cerebro," dice el Dr. Jacobs, "y el cerebro tiene la capacidad para la auto-curación. Esperamos ser capaces de activar esa capacidad mediante el uso de la energía de sonido. Tan importante como las aplicaciones de tratamiento de la medicina energética son las pruebas de remodelación biológica de electro acupuntura, que le pueden permitir al profesional buscar el potencial de la enfermedad antes de que ésta suceda. Ello hace de la medicina energética un excelente instrumento para reducir los elevadísimos costos de la atención médica en los Estados Unidos.

Si atajamos temprano a las enfermedades o evitamos que ocurran, los costos médicos se minimizarán grandemente. Sin embargo, aún se necesitan conducir investigaciones para probar el valor de las pruebas de remodelación biológica de electro acupuntura. "El problema en este caso es uno de índole muy práctica", dice el Dr. Scott-Morley. "Las investigaciones cuestan dinero y los profesionales adiestrados de estos métodos están ocupados en sus trabajos como médicos, no como investigadores y tomaría 2 ó 3 años para entrenar investigadores a un nivel suficientemente alto de competencia en estos métodos para que las investigaciones sean efectivas. Aun así, si algún cuerpo empresarial diera una compasiva y cuidadosa atención a nuestras demandas, entonces creo que descubriríamos que tenemos un instrumento no soñado a nuestra disposición que estoy seguro que posteriormente se puede extender y refinar.

Finalizo este re-enfoque comentando los buenos resultados que he tenido en casos que atiendo en mi consulta privada, a los que he tratado con acupuntura, laser, homeopatía en problemas de vértigo, alergias, dolores crónicos articulares principalmente. Y además de otros casos diagnosticados y tratados con equipos de Biorresonancia como el SCIO y el analizador biocuantico, en los que hemos tenido la suerte de ver resultados positivos, por lo cual estamos plenamente convencidos de los grandes beneficios de estas medicinas energéticas como una gran alternativa en el campo de la medicina, pero más allá de eso como medicina predictiva, como una terapia blanda, es decir con otra visión de la salud, pero de grandes resultados por lo cual estoy convencido de la necesidad de sumar estas herramientas para mejorar la salud de la población.

¡Ud. decide, recuerde que es su máxima cualidad como ser humano. Utilícela!

3

La influencia de la mente para generar o mejorar la salud

"Las respuestas del sector de la salud a un mundo en transformación han sido inadecuadas e ingenuas. ...cuando el sistema falla se deben aplicar soluciones, no remedios transitorios."
(OMS, Informe sobre la salud en el mundo, 2008).

Inicio este capítulo del re-enfoque de la salud con esta frase para llamar la atención acerca de la necesidad que tenemos las personas de un cambio de modelo de los sistemas de salud en el mundo, para lograr mejores resultados en la salud y el bienestar de la sociedad, no olvidando por supuesto la imperiosa necesidad de disminuir los grandes gastos financieros que están ocasionando debido a que las enfermedades crónico-degenerativas nos están ganando la batalla, por lo que llegara el momento en que no se alcanza a prestar la atención medica de calidad que tanto demanda la sociedad.

La salud hoy día se caracteriza por los grandes avances científicos y tecnológicos que nos han permitido incrementar el promedio de vida de la población y realizar constantemente grandes intervenciones que logran recuperar o mantener la salud de una persona.

El debate sobre los diversos modelos de atención, la responsabilidad y el rol del estado, la interacción entre la esfera pública y privada, el lugar de las mal llamadas "terapias alternativas", la conformación de equipos interdisciplinarios, la relación médico- paciente, está a la orden del día.

Los sistemas centralizados y fuertemente burocratizados se han desarrollado en casi todo el mundo, sin embargo la búsqueda de soluciones globales, definitivas y universales atenta contra la resolución del problema, sólo una aproximación comunitaria local con amplia participación de todos los actores sociales pueden aspirar a construir itinerarios en el camino de un abordaje complejo de la salud.

En este contexto, resalta la participación personal que cada uno de nosotros debe de tener en el cuidado, a través de herramientas, información, y sobre todo de una conciencia sobre lo que podemos y debemos hacer cotidianamente para incrementar nuestro nivel de salud hasta los máximos limites posibles.

Destacando un enfoque diferente de la salud y que ha demostrado que puede evitar las enfermedades y lograr incluso recuperarla, cuando ya nos hemos enfermado, el cual es LA RELACION DE LOS PENSAMIENTOS EN LA SALUD, que nos da un abordaje diferente de la salud y que nos obligara además a participar en el cuidado de la salud. En este capítulo le doy a conocer esta información que espero le sea de provecho así como los estudios que demuestran el sustento científico de esta realidad.

El re-enfoque de la salud a través de La influencia de la mente para generar o mejorar la salud:

En un trabajo publicado en 2011, se destaca que la realización intensiva de meditación puede aumentar la actividad de la telomerasa en las células inmunológicas. Resumidamente, la telomerasa es una enzima que está asociada al proceso de reducción del envejecimiento celular. En ese estudio, fueron usados dos grupos, uno sometido a meditación intensa de 6 horas diarias, durante 3 meses; y otro grupo de control, durante ese mismo tiempo, mantuvo su rutina diaria normal sin ninguna meditación. Al final del período, fue medida la actividad de la enzima telomerasa en las células inmunológicas de los dos grupos y hubo un claro aumento significativo en el grupo que hizo meditación, como podemos ver en la siguiente figura, que muestra la actividad de la telomerasa medida después del período de prueba.

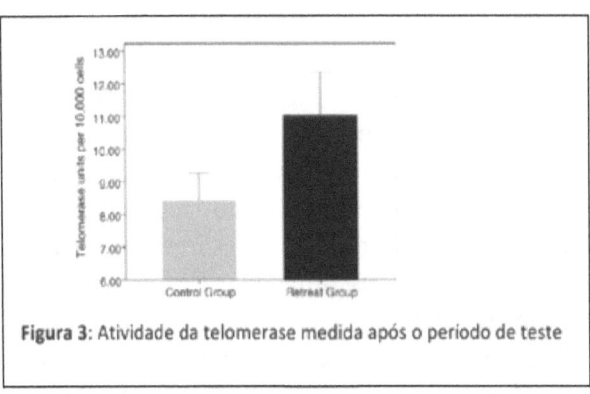

Figura 3: Atividade da telomerase medida após o periodo de teste

Lo anterior nos demuestra como cuerpo y mente están entrelazados mutuamente. Todo pensamiento, sentimiento e intención emite vibraciones que nos recorren todo el cuerpo.

Pueden ser tan potentes como para llegar a afectar nuestros genes. Un gen determinante que podría producir una enfermedad puede activarse o desactivarse en función de nuestra manera de procesar las experiencias cotidianas de la vida. En conclusión: los pensamientos y sentimientos pueden afectar a cualquier función del cuerpo humano.

El efecto placebo de los medicamentos es un ejemplo de como la mente actúa sobre nuestro organismo

Algunos estudios han demostrado que las personas pueden influir con la mente sobre el crecimiento de organismos biológicos encerrados en tubos de ensayo.

El efecto de las palabras sobre el crecimiento de las plantas esta también científicamente comprobado.

A continuación le presento algunos ejemplos de la relación mente-cuerpo:

- Cuando llora, se desencadena todo el proceso en nuestro organismo que ya conocemos por las emociones, es decir la mente afecta la biología
- La excitación sexual es un fenómeno de mente y cuerpo; la sola imaginación produce cambios hormonales en las mujeres y físicos visibles, además, en los hombres.
- El pensamiento estresante puede provocar una gama amplia de enfermedades. Solo pensar llegar tarde a una cita importante, no realizar a tiempo un trabajo vital, etc. nos lleva a cambios internos que a la larga

pueden desencadenar en enfermedades cardiacas, por citar solo un ejemplo.

- Hay que reconocer el efecto inverso que la biología puede desencadenar en nuestros pensamientos. Por ejemplo la mujer durante su regla" le provoca altibajos "emocionales que influyen sobre su manera de pensar.
- La heroína y la morfina pueden alterar las emociones, al igual que las endorfinas.

Ante todo lo anterior, muchos científicos ya están concibiendo la mente y el cuerpo como una misma entidad, que no pueden separarse, pero sobre todo el reconocimiento del efecto de los pensamiento sobre nuestro cuerpo.

Existen muchos estudios científicos que avalan esta posición-como el de HealthMath en 1995, que publico en el American Journal of Cardiology un estudio sobre el efecto que ejercían en el corazón algunos modos de pensar positivos o negativos, encontrando: los de pensamiento de "ira" tenían los latidos más irregulares, que los de pensamiento de "aprecio", lo cual repercute sobre el resto del cuerpo (llamado sincronicidad cardiaca).

En otro estudio con matrimonios entre 60-70 años, se observó que cuando la mujer era hostil, padecía mayor grado de ateroesclerosis.

En otros estudios se han observado que las personas que realizan afirmaciones positivas refuerzan en forma importante su sistema inmunológico.

Otra vía para generar actitud positiva, de acuerdo a diversos estudios es la risa, que también es una conexión mente-cuerpo (incremento de oxígeno, producción de endorfinas, mejora-miento del sistema hormonal)

Otro elemento importante es el que produce la meditación, que ha demostrado, que cuando se practica regularmente, logra que las funciones del organismo sean más coherentes y por lo tanto más sanas.

Los efectos sobre el ADN, de los sentimientos, emociones y pensamientos, es quizás la parte más importante que nos lleva a la afirmación de la influencia de los pensamientos sobre nuestra salud, y la explicación de los casos de curación por medios placebos o mentales.

Claro que el efecto es variable. En función del gen del que se trate, ya que se considera que el 50 % está sujeto a lo innato (genético), y el otro 50% está sujeto a la influencia del entorno, en el que se incluye la alimentación y la forma de vida, además de los pensamientos y sentimientos.

Se ha demostrado a través de diversos estudios que cuando sucede algo significativo, nuestros pensamientos y sentimientos acerca de lo sucedido activan unos genes que construyen las proteínas o componentes celulares necesarios para guardarlos en el cerebro en forma de recuerdo, codificándolo biológicamente y que por lo tanto actúa sobre todo el cuerpo. Al reproducirse los genes expresan su información repetidamente, construyendo un recuerdo que queda grabado imborrablemente en el sentido biológico, que puede ser una neurona o una nueva interconexión si la vivencia o el pensamiento es Bastante significativo. No es fácil entender lo anterior, y además no somos conscientes de estos procesos.

Los seres humanos entonces disponemos de una capacidad inestimable que es la imaginación activa. En la imaginación representamos visual, auditiva, táctilmente, olfativamente, propioceptiva mente, cenestésicamente, emocionalmente, los hechos vividos, los hechos que se están viviendo, y, con un grandísimo potencial, los hechos que se vivirán en el futuro.

Puede utilizar entonces su capacidad de crear imágenes mentales para provocar en su cerebro los impulsos eléctricos que desee. Se trata entonces no sólo de evocar lo visual, sino de incluir cuidadosamente todos los aspectos perceptivos hasta tener un cuadro completo: los cinco sentidos, lo cenestésico (sensaciones viscerales), lo propioceptivo (sensaciones posturales), las emociones,... Pero eligiendo Ud. aquello que desea, de este modo puede crear mentalmente cómo desea actuar en una situación o como desea que la misma acontezca.

Al hacerlo, si bien su cerebro no diferencia si los impulsos eléctricos provienen de su imaginación o de la 'realidad', lo cierto es que, en cualquier caso, estos enagramas neuronales quedan registrados en él de tal modo que cuando se encuentra en la situación concreta sobre la que trabajo con el pensamiento, su cerebro y sus 70 billones de células ya han recibido una información, y se han configurado pre-disponiéndole a que su actuación en la situación se despliegue según lo programado, y facilite el desarrollo de la misma en la dirección deseada. Ya lo ha 'vivido' antes y le resultará fácil.

Todos poseen un evidente componente psicosomático: una conexión entre la mente y el cuerpo.

Howard Brody, investigador de la Michigan State University y uno de los mayores defensores del placebo, lo define como "la farmacia del cuerpo. Dentro de nosotros mismos existen sustancias químicas curativas. Si logramos aprender a pulsar los botones correctos y a manejar las señales procedentes de nuestro entorno, estas vías químicas se activan". Básicamente, en la práctica clínica, cuando los pacientes están expectantes y condicionados a recibir un tratamiento efectivo, el efecto placebo, la historia natural de la enfermedad y la efectividad del tratamiento empleado, actúan en forma conjunta en la mejoría clínica del paciente.

Veamos uno de los tantos ejemplos

El 2001 fue el año del resultado más increíble del efecto placebo. Una investigadora de células madres, la Dra. Cynthia McRae de la Universidad de Denver estaba evaluando nuevos tratamientos para la enfermedad de Parkinson. Su estudio quería encontrar si los trasplantes de células cerebrales de embriones pueden ayudar a las personas con la enfermedad de Parkinson. A los 39 pacientes se les realizó 4 agujeros en el cráneo con sólo anestesia local. En otras palabras – ellos sabían que se estaba taladrando su cerebro. Pero solo la mitad de los pacientes realmente recibieron un trasplante de células. La otra mitad no recibió ningún tratamiento.

Los resultados fueron increíbles. Luego de la operación, 30 de los 39 pacientes aceptaron ser parte en un estudio de calidad de vida. Como parte de este estudio, se preguntó a los 30 pacientes si habían recibido un trasplante o solo un placebo. 12 meses después, pacientes que pensaron habían recibido un trasplante de células cerebrales tuvieron un funcionamiento mejor que los que realmente recibieron el trasplante. El Dr. McRae reportó lo siguiente: "Los que pensaron que habían recibido el trasplante reportaron una mejor calidad de vida que los que pensaron que habían recibido una operación falsa, sin importar quién recibido la operación real.

¿Pero qué es lo que hace que el Efecto Placebo sea tan efectivo? Básicamente es una combinación de expectativas y creencias del paciente lo que logra un cambio. ¡Todo esto tan solo con las expectativas y las creencias correctas!

A continuación le presento un programa de tres pasos esenciales para conseguir una conexión de cuerpo y mente eficaz, que le puede ser de mucha utilidad en mejorar su salud o como coadyuvante en cualquier tratamiento que esté tomando, solo recuerde que lo importante es condicionar a su organismo para que cuando lo utilicen funcione.

PASO 1: RELAJACIÓN

Llegar a los niveles Alfa y Teta tiene el mismo efecto que meditar. Cuando alguien medita, científicamente, simplemente está reduciendo la frecuencia de sus ondas cerebrales a Alfa o Teta. José Silva (EL DESCUBRIDOR DEL PROGRAMA SILVA DE CONTROL MENTAL) descubrió que quienes pueden permanecer en los niveles Alfa y Teta son capaces de poner su mente y cuerpo en un estado propicio para la curación, en el cual el estrés se disipa, es propicio para la reparación de las células, el sistema inmunológico se fortalece y hace que los síntomas físicos de la enfermedad sean en algunos casos, muy reducidos

¿Qué pasaría si pudiera sobreponerse a malos hábitos como fumar o comer entre comidas más fácilmente? ¿Qué pasaría si pudiera cambiar sus patrones de pensamiento de negativos a positivos? Y ¿qué pasaría si pudiera despertar la capacidad curativa natural de su mente, todo simplemente trabajando con su propia mente?

Por eso el entrenamiento a través de la relajación le permite entrar a un estado alfa, llevándolo posteriormente a otro estado de mayor profundidad, como es el nivel teta a través de una serie de meditaciones guiadas y técnicas para acceder a un estado profundo de relajación de forma muy fácil y rápida para alcanzar el objetivo.

PASO 2: VISUALIZACIÓN

La Visualización de la curación, implica visualizar el resultado final de su meta o deseo mientras está en el nivel mental Alfa o Teta. El concepto de Visualización Creativa ha existido durante décadas. Ganó popularidad renovada en la década de 1970 cuando una graduada del método Silva con el nombre de Shakti Gawain escribió un libro sobre él. ¿Por qué la Visualización es tan importante? Simplemente porque su mente inconsciente no puede distinguir lo que es real de lo que es un pensamiento, una idea. Si ese pensamiento o idea está asociado con una fuerte emoción, se hace aún más real para su mente.

Por eso es fundamental aprender a visualizar para "manifestar" el estado que desea. Una de las reglas más importantes de la visualización es que se debe hacer en tiempo presente. Por ejemplo, si necesita manejar su artritis, debe visualizarse a si mismo libre de artritis y sentir que está pasando en este instante y no en algún momento en el futuro. En otras palabras, experimentar el sentimiento de alegría de estar libre de la artritis, en lugar del sentido de querer o el sentido de desearlo.

La práctica de la Conexión Cuerpo y Mente nos puede enseñar una variedad de técnicas de visualización avanzada y ejercicios que están diseñados como una experiencia de inmersión para ayudar a facilitar y acelerar el proceso natural de curación de la mente.

PASO 3: DOMINAR Y APLICAR LA TECNICA DCE

El éxito duradero de cualquier meta relacionada a la salud — ya sea que desea eliminar una dolencia menor o reducir los síntomas de una enfermedad más seria— solo puede suceder cuando condiciona su mente con 3 resultados: DESEO: Desarrolla un profundo deseo hacia su meta. CREENCIA:

Cree de todo corazón que su meta es posible y accesible. EXPECTATIVAS: Espera que suceda la meta.

Llamamos a este proceso de pensamiento deseo creencia – expectativa o técnica DCE, y aunque suene simple, su dominio requiere de un importante nivel de control sobre su mente subconsciente.

Y la utilización del DCE es el famoso Efecto Placebo que hemos mencionado anteriormente. Un fenómeno ampliamente documentado en el que un paciente puede desencadenar automáticamente los mecanismos de curación del cuerpo por la mera creencia de que pueden ser curados. El efecto placebo puede ser tan poderoso que todos los medicamentos modernos tienen que ser probados contra un placebo antes de que se lance al público. Y muchos antiguos tratamientos y medicamentos han sido retirados del mercado cuando sus supuestas propiedades curativas se basaban únicamente en el efecto placebo.

TECNICA EPEP

¿Qué es EPEP? significa Educación del pensamiento enfocado en el propósito. Es una nueva técnica terapéutica científicamente comprobada, dirigida a mejorar la calidad de vida del ser humano mediante la re-educación del pensamiento. Una técnica terapéutica con pasos propios producto de la fusión de la Terapia Cognitiva (Ellis, Beck) y la Psicoterapia Experiencial (Focusing, Glending).

El EPEP es un complemento al tratamiento médico convencional en el cual se promueve la observación e investigación de los aspectos psicológicos inconscientes que, generalmente, desarrollan una enfermedad. Este programa, a su vez, ayuda a que las enfermedades no resurjan y colabora a que no aparezca una nueva dolencia. El EPEP cree que la mente es la que pueda darle una mejor calidad de vida a ese cuerpo enfermo.

Se puede aplicar en cualquier tipo de dolencia que afecta seriamente a una persona y que representa un propósito por el cual vale la pena re-enfocar el pensamiento para enfrentarla y muchas veces superarla.

El EPEP es un método sistemático y terapéutico que modifica estilos de pensamiento con el fin de lograr un propósito particular, partiendo del siguiente paradigma: "De igual manera que la mente enferma al cuerpo, también es la mente la que puede mejorar la calidad de vida del cuerpo enfermo".

El EPEP se diferencía de la conocida auto-ayuda en que el EPEP se apoya siempre en herramientas terapéuticas científicamente comprobadas.

En el caso de Argentina esta técnica se utiliza a partir de los éxitos obtenidos en múltiples casos, la Salud Pública Municipal aprobó un protocolo para implementarlo en enfermos de cáncer del sistema de salud dependiente de la municipalidad de Malvinas Argentinas. El mismo hoy no solo se aplica en enfermos de cáncer, sino en aquellos que padecen enfermedades crónicas, como diabetes, con muy buenos resultados.

El EPEP no propone el abandono de ningún tipo de tratamiento de la medicina clásica sino que promueve la observación e investigación de los aspectos psicológicos inconscientes que desarrollaron esa enfermedad. Resulta tan importante el tratamiento clínico de una enfermedad o una dolencia particular como la investigación y tratamiento de la estructura psíquica que pudo haberla hecho posible evitando así que la misma reaparezca o bien surja una nueva dolencia con otros síntomas o caracterizaciones.

Se le ve también como una nueva forma de enfrentar la enfermedad. Así, en el caso de alguna enfermedad física se trabaja en primera instancia la ACEPTACION de la enfermedad. Ayuda a CUMPLIR con los esquemas de tratamientos dispuestos por los distintos especialistas y una vez logrados estos objetivos se trabaja sobre las PAUTAS MENTALES que favorecieron la aparición de la enfermedad.

El EPEP propone un viaje de introspección para trabajar exclusivamente un propósito relacionado con dificultades físicas ciertas que causan dolor y dificultan la vida en plenitud. Si ese viaje se hace positivamente a través de esta técnica, lo que se logrará es cambiar la conciencia, mejorando así la calidad de vida tanto física como emocional. Los llamados "umbrales del dolor" son, en realidad, modos de padecer un dolor de acuerdo con nuestras características psíquicas, nuestra historia, nuestra predisposición, nuestro estado de ánimo, etc. Por eso, si se cambia el modo de pensar, está científicamente demostrado que se cambia la estructura cerebral, factor indispensable para modificar la salud y el estado corporal. (Neuroplasticidad).

Finalmente, hay que decir que existen herramientas, para aprender a tener pensamientos que nos lleven a tener una mejor salud, o incluso ayudar a los demás a mejorarla. Estas herramientas son: la relajación, la meditación la visualización, las afirmaciones positivas, la hipnosis, el yoga, las cuales debería considerar su práctica cotidiana para obtener los grandes beneficios que aportan.

¡Cambiemos el enfoque de la salud! ¡Asumamos nuestra responsabilidad! Y ¡Evolucionemos en salud y bienestar! ¡Nosotros lo podemos lograr!

4

El Naturismo como estilo de vida

"El Naturismo es la doctrina que preconiza el empleo de los agentes naturales para la conservación de la salud y el tratamiento de las enfermedades".

La expresión "naturismo" ha sido tradicionalmente usada en este sentido por los "médicos naturistas" durante el último siglo. Un ejemplo, el Dr. Jaime Scolnik, MD, quizá el más prestigioso médico naturista argentino, graduado como médico en 1933 en la Universidad Nacional de Córdoba, República Argentina, en una entrevista radial del año 1990, en Radio Nacional de Argentina, dio su testimonio de que en cincuenta años de ejercicio de la medicina no recetó jamás un fármaco, y atendió pacientes de toda Argentina y países vecinos.

Este re-enfoque de la salud es interesante porque representa el llamado de la naturaleza a volver a lo simple para recuperar o mantener la salud, a lo que nos brinda nuestro entorno como el aire puro, el sol, el agua, los vegetales, las frutas, la desintoxicación, la actividad física, la energía de la tierra, entre otras cosas e independientemente de que no nos convirtamos en vegetarianos, si vale la pena disminuir las carnes rojas, consumir verduras crudas, frutas frescas, evita comida enlatada, procesada, exceso de alcohol, tabaquismo, lo cual nos permitirá en gran manera recuperar nuestra salud y que son bases primordiales del naturismo.

Por eso en este capítulo, deseo analizar este re-enfoque, como una herramienta que si adoptáramos, cuando menos, en algunas de las leyes que lo rigen, y lo utilizáramos como nuestro estilo de vida, con la práctica de dichas bases nos permitirá vivir más años y con una mayor calidad de vida.

En este capítulo le doy algunas bases del naturismo que le pueden ayudar a cambiar el enfoque y ver la salud como algo natural que podemos manejar para llegar a vivir muchos años con excelente calidad de vida; valdría la pena mencionar como en algunas partes del mundo ya hay tendencias para aceptar y practicar medicinas alternativas, incluido el naturismo, como es el caso de Nicaragua, quien estableció la ley para dicho fin. Citamos a continuación el principio de dicha ley: - "En los últimos años, la popularidad de la medicina natural, terapias complementarias y productos naturales son alternativas que han crecido considerablemente, cada vez son más las personas que recurren a ella para controlar mejor el estado general de su organismo. Si bien ninguna de esas medicinas sustituye a la tradicional, lo cierto es que la complementan. Las medicinas no tradicionales son las que se ocupan de brindar salud y bienestar al organismo. Desde las más reconocidas y aceptadas como la Homeopatía, Ayurveda, Acupuntura y Medicina

Tradicional China, hasta los sistemas terapéuticos, físicos y enérgicos como la Quiropráctica, la Osteopatía, la Reflexología, el Feng Shui y otras"-. Obsérvese en este párrafo de la ley, como los gobiernos pueden y deben regular y propiciar la utilización de terapias, que por sus características sirven para mejorar la salud de las personas a través de su participación.

El Naturismo como estilo de vida

La Naturopatía está basada en un estilo de vida en el que impera el optimismo al aire libre, una alimentación racional vegetariana, deportes y los ejercicios diarios, el conocimiento fitoterapéutico (plantas medicinales para tratamiento) y trofoterapéutico (frutas y vegetales como terapia), así como también un estado mental favorable al bien de todos los seres. Aunque las bases del naturismo se establecieron desde los tiempos de Hipócrates, la Naturopatía fue promulgada a Principios del siglo XX por el prestigioso Dr. Bennedict Lust, quien fue el fundador en 1905 de "The American School of Naturopathy" Posee similitudes con otras artes médicas como el Ayurveda y la Medicina Egipcia, tan promovidas por la "Antigua Escuela Pitagórica", evitando estrictamente cualquier tipo de carnes incluyendo frutos de mar. La Naturopatía es tanto preventiva como curativa, con altos índices de sanación. Por supuesto, como ninguna otra medicina, ésta tampoco pretende ser "la cura de todos los males"..

El Naturismo Es una filosofía de vida basada en la armonía del individuo consigo mismo y con su entorno. Abarca los niveles físico, mental, intelectual, moral y espiritual.

Se debe vivir de acuerdo con las Leyes de la Naturaleza y servirse de sus elementos para preservar la salud. Los Naturistas cuentan para ello con los siguientes medios:

- baños de agua (internos y/o externos), baños de sol, vapor, aire puro, ejercicio, dieta naturista, masajes, ayuno, zumos de fruta y vegetales, hierbas medicinales, preparados naturales, fitoterapia; así como una visión optimista de la vida y de los demás.

Algunos de los principios básicos del naturismo son:

- La Vida aparece y se mantiene cuando confluyen unas condiciones favorables de calor, humedad, luz y aire oxigenado, junto con una alimentación sana.
- Las Leyes Naturales no pueden ser transgredidas.
- No se puede curar a un individuo sin eliminar la toxemia de su organismo, que es la verdadera causa de la enfermedad.
- El Ser Humano no es carnívoro ni omnívoro, sino vegetariano.
- Sobriedad en la comida, y que ésta sea lo más natural posible.

Por lo que de acuerdo con las teorías naturistas si actuamos siguiendo estos principios podemos evitar hasta cierto grado el envejecimiento.

En el naturismo cuando hablamos de enfermedad, la definimos como un mecanismo de reacción y adaptación producido por nuestro organismo para lograr el equilibrio que le permita sobrevivir o vivir en armonía adaptado al medio.

Por tanto, no vamos a luchar contra la enfermedad, sino que vamos a conocer sus mecanismos y nos vamos a servir de ellos o los vamos a ayudar para recuperar la salud a través de las siguientes premisas:

1.- Vamos a facilitar las reacciones orgánicas defensivas

2.- Vamos a examinar las causas exógenas de ese equilibrio y sustituir las costumbres exógenas que influyen en un buen equilibrio corporal: Medio Ambiente, alimentación y sueño-descanso.

3.- Vamos a tener en cuenta la finalidad de la enfermedad y de los síntomas que produce.

Algunas de las bases de la terapéutica naturista que debemos considerar deben basarse en buscar normalizar la relación entre el organismo y el medio exterior por medio de:

* Reglamentar en cada individuo sus estímulos exteriores, según la "diaita" griega: alimentación, ejercicio, reposo, contacto con el medio ambiente:
- Los estímulos, correcciones y maniobras terapéuticas deben adaptarse a las condiciones del enfermo: constitución, temperamento, carácter, actitud digestiva, actitud psíquica.
- Las aplicaciones terapéuticas han de estar de acuerdo con los ciclos naturales: día-noche, invierno-verano, etc.
  - Gradualmente, poco a poco
  - Ritmo alterno.
  - Polaridad: sustituir carne: setas o queso.
  - Ciclo de la enfermedad.

A imitación de la naturaleza, debe provocar estímulos contrarios y alternos: frío-calor, reposo-movimiento, etc.

- Eliminar las materias tóxicas, a ser posible por vías naturales y, cuando estén cocidas o procesadas, respetando la velocidad natural (no purgas, ni sangrías, ni cáusticos, ni ventosas).

- Utilizar como medios terapéuticos, a ser posible, agentes naturales.
- La prescripción la marcará sobre todo el estado general del paciente. "Cuando la aplicación terapéutica hace cambiar los sistemas del paciente y el estado general mejora, no debe cambiarse hasta agotar sus posibilidades. Si el estado general no mejora, aunque cambien los síntomas o desaparezcan, debe estudiarse otro medio, después de dejar descansar al paciente".

Es conveniente revisar también algunos criterios terapéuticos del naturismo en la utilización de parte de los Naturopatas, para tratar a los pacientes:

- Empírico
- Estadístico
- Sintomático
- Fisiológico
- Patogénico o etiológico
- Naturista.

Es necesario considerar en este sistema, que el naturista se basa en el reconocimiento de la enfermedad no como algo malo, sino como acto de reacción natural, evolutiva y depurativa, a través del cual se ponen en marcha mecanismos defensivos y de equilibrio fisiológico.

A continuación le presento algunos de los esquemas a seguir en el uso de la medicina natural:

ENFERMEDADES AGUDAS

1) Alimentación: Líquida y depurativa.

- Zumos de frutas y verduras
- Miel
- Cocimientos de cereales: cebada.
- Infusiones
- Caldos de hortalizas
- Agua
- Régimen instintivo: lo que le apetezca

2) Eliminaciones: ayudar a las naturales: no purgar ni irritar.

3) Estímulos complementarios:

- Aire puro y fresco
- Envolturas pies
- Compresas frías
- Masaje
- Movimientos pasivos

ENFERMEDADES CRONICAS

Depende del diagnóstico. Nos puede servir un esquema general de la aplicación que nos resume el Dr. Eduardo Alfonso en su libro de "40 lecciones de Medicina Natural".

Disminución de los errores de conducta más nocivos: como el abuso del tabaco y el alcohol; la falta de ejercicio y aireación, el defecto de limpieza de la piel; y, sobre todo, el uso de alimentos muy tóxicos y excitantes (carnes grasas y rojas, como las de cerdo, vaca, caballo, aves, caza, etc.; los pescados azules, aceitosos, salados o en conserva; los mariscos y crustáceos; los quesos fuertes; las confituras y pasteleria; el vinagre y ácidos fuertes; y el exceso de sal). Esto irá acompañado de una iniciación en la ingestión de alimentos crudos, si el enfermo no estaba acostumbrado. De momento, permitirle el uso del café o el té, si a ello estaba habituado.

Supresión progresiva y ritmada de los demás alimentos tóxicos, excitantes o irritantes. (Café, té, chocolate, carnes y pescados blancos; leguminosos secos -judías, garbanzos, lentejas, habas, guisantes, soja, cacahuates-; manteca, frituras y condimentos fuertes o picantes, etcétera.)

Esta supresión ha de hacerse con mayor o menor rapidez y número de alternativas, de acuerdo con las citadas leyes de adaptación; hasta lograr la fórmula siguiente:

- Alimentación depurativa con alimentos crudos
- Regulación intestinal
- Cuidado de la piel.
- Estimulo de la circulación
- Masticación perfecta
- Ejercicio y reposo
- Abstención de tóxicos

Dentro de las diversas escuelas que se han generado en el naturismo hay algunas que destacan a lo largo de la historia del naturismo y que han servido de base y sistematización del método naturista. Podemos mencionar algunos de estos sistemas, para que los pueda revisar y utilizar en su persona:

SISTEMA DE KNEIPP

- Hidroterapia fría, aplicaciones cortas y parciales, paseo por agua fría.
- Calentamiento con ejercicio
- Plantas medicinales sencillas
- Dieta exenta de tóxicos.

SISTEMA DE KUHNE

- El más aplicado en sociedades vegetarianas españolas
- Basado en la eliminación de toxinas del organismo por medio de baños de vapor, baños de asiento, etc.
- Alimentación vegetariana
- Sus obras: la nueva ciencia de curar y el diagnóstico por el rostro.

Hablar de naturismo y sus bases como lo manejan los grandes médicos y precursores de esta doctrina, es largo, quiza valdría la pena resumirle las bases y principios que le permitan aplicarlo en su vida diaria y que podríamos verlo como un re-enfoque al cual que pretendemos hacerlo lo más sencillo posible para socializarlo y llegar a verlo como un estilo de vida que la población practique.

Hay que recordar que desde Hipócrates se establecieron los Principios de la Medicina Natural, y que le presento en forma resumida los enunciados a continuación:

1. **La naturaleza es la que cura.**

2. **No hay enfermedades sólo hay enfermos.**

3. **Curar sin dañar.**

4. **Aquello que mantiene sano al sano aplicado al enfermo, es lógico que lo tenga que mejorar o curar.**

5. **Haced de vuestros alimentos, vuestras medicinas.**

6. **Los alimentos deben llegar al hombre, tal como salen del taller de Dios.**

7. De todos los factores que mantienen la salud humana, el más importante y simple factor es el alimento perfectamente constituido.

8. Dejad a lo natural, lo más natural posible.

9. La vida para poder mantenerla mejor, necesita de la vida misma.

10. El que no sabe lo que es calidad, nada sabe de la salud ni de la enfermedad.

Como podemos apreciar en este reenfoque una base fundamental del naturismo es la alimentación, donde insistiríamos en las frutas y verduras frescas, leguminosas, cereales integrales, agua natural, lácteos deslactosados y bajos en grasa, alimentos sin conservadores, disminuir los alimentos refinados. Otro pilar es el uso del agua como medio de tratamiento (Hidroterapia), a través de baños de pies, de asiento, de tronco, de vapor, de agua fría, etc. como medio para recuperar la salud; solo insistiríamos en consultar a su médico. Los baños de sol, los ejercicios de respiración, los métodos de relajación y visualización, el uso de plantas medicinales como las depurativas utilizadas para desintoxicación como la zarzaparrilla, el diente de león, etc. además de otros pilares como los jugos de frutas y verduras naturales, el uso de arcilla como compresas, los enemas de café, entre muchos otros métodos que nos pueden ayudar bastante a tener una mejor salud si lo adoptamos como estilo de vida.

¡Como siempre en Ud. esta la decisión! ¡Consulte a su médico o un experto en salud natural y obtenga lo que más le sirva a su organismo! ¡Establezca las bases del naturismo como su estilo de vida!

5

Medicina alternativa: terapias para mejorar la salud

Comprender el papel fundamental que juega la medicina en el diario vivir de un ser humano es ineludible, ya que hay que recordar que la parte más vulnerable de un ser humano es la enfermedad. Por eso hay que agradecer profundamente a los médicos, a las enfermeras, a los hospitales, a los grandes avances científicos y tecnológicos en el diagnóstico y tratamiento de las enfermedades.

Sin embargo, existen realidades que no podemos olvidar como son los grandes estragos que están ocasionando las enfermedades crónico-degenerativas, el estilo de vida, la obesidad, etc. lo cual nos obliga a buscar nuevos enfoques a través de una visión del bienestar integral de cada individuo, familia o sociedad, y en este terreno es importante revisar las medicinas alternativas como arsenal diagnóstico y terapéutico de los sistemas de salud, pero aún más allá como sistemas que coadyuven con la población a participar activamente para aumentar

y mejorar los niveles de salud para un pleno desarrollo y evolución de la sociedad.

Medicina alternativa: terapias para mejorar la salud

La homeopatía, la Acupuntura, la Herbolaria, las Flotes de Bach, los Campos Magnéticos Pulsantes, entre otras, son considerados en la actualidad por la Organización Mundial de la Salud, lo cual nos habla de una apertura hacia las medicinas alternativas. Sin embargo existen en la actualidad muchos Sistemas de Salud, de los cuales algunos reúnen gran cantidad de evidencias científicas y otros no pueden demostrar, dentro de nuestros modelos científicos, lo necesario para su consideración dentro del arsenal diagnostico o terapéutico, pero si pueden ser parte de una forma o estilo de vida que la población puede aplicar a su vida diaria y mejorar su nivel de salud y bienestar.

En los últimos 30 años las medicinas alternativas y /o complementarias han adquirido un gran impulso fundamentalmente por:

- El poco tiempo que el médico alópata destina a la consulta, que no le permite conocer detalles personales y del entorno del paciente, que pueden ser importantes en la patología que éste presenta.
- El deterioro de la relación médico alópata - paciente, derivada del punto anterior y por la mala imagen pública que han ido adquiriendo.
- Los malos o escasos resultados obtenidos por algunos pacientes con los tratamientos alópatas (convencionales o tradicionales).
- La despersonalización y deshumanización derivadas de los grandes avances tecnológicos, que sólo han mejorado en forma muy importante la capacidad

diagnóstica, y de la ultra especialización que nos ha llevado a examinar órganos y no personas.
- Desesperanza, de médicos alópatas y pacientes.
- Los efectos nocivos y contraproducentes de la farmacopea alopática utilizada.

Por eso desde hace algunos años, la Organización Mundial de la Salud (OMS) ha puesto la lupa en los métodos no convencionales para tratamientos médicos. El éxito de terapias como la acupuntura, capaz de aliviar distinto tipo de dolores; el yoga, indicado para atenuar el estrés; el Tai Chi elegido por muchas personas mayores que quieren rejuvenecer sus físicos, la homeopatía que cura el asma, el cáncer, la depresión, etc., entre otros, son tan solo algunos de los buenos resultados que están haciendo que la medicina complementaria y alternativa, se expanda globalmente.

La OMS reconoce, y así lo manifestó en su tiempo, el entonces Director General, Dr. Lee Jong-Wook, que muchos tipos de medicinas naturales y complementarias "han demostrado su utilidad en el tratamiento de ciertas patologías con mínimos riesgos".

"Natural no significa necesariamente seguro". Éste es el mensaje de unas nuevas guías hechas públicas por la Organización Mundial de la Salud (OMS) para promover el buen uso de las medicinas alternativas y /o complementarias, entre las recomendaciones incluidas en el informe destacan: aportar a los consumidores suficiente información sobre la seguridad y eficacia de estos productos usados y terapias, establecer canales de comunicación adecuados que permitan a los usuarios denunciar las reacciones adversas, organizar campañas informativas, asegurar la calificación de aquellos profesionales que ejerzan la medicina alternativa.

La medicina alternativa y/o complementaria en los diferentes países

En China, ya representa cerca del 40 por ciento de los tratamientos de salud; en Chile la ha utilizado el 71 por ciento de la población, y en Colombia, el 40 por ciento. Ilse Hering, Presidenta de la Asociación para las Investigaciones Homeopáticas de Costa Rica explica que es difícil tener un dato fidedigno de cuánta gente sigue este tipo de tratamientos. "Temen que, si confiesan el uso de medicinas alternativas, el médico no los quiera atender o los regañe".

En Europa y USA este fenómeno es tan importante que las autoridades de salud, gobierno, universidades, han debido tomar algunas medidas para evitar que personas que no tienen conocimientos, usen técnicas y medicamentos, especialmente fitoterapia, en forma descontrolada y con riesgos importantes.

Estas terapias alternativas desde hace varios años pueden aprenderse en las universidades europeas y norteamericanas, las cuales las incluyen como ramos optativos en la carrera de Medicina y otras del área de la salud, existiendo actualmente algunas universidades que ya tienen incorporadas en sus planes curriculares algunas de estas terapias.

En algunos hospitales públicos de Alemania, Francia, Inglaterra y Suiza, el paciente decide, con que medicina se quiere tratar, con medicina alópata o medicina alternativa o complementaria.

En Canadá, por ejemplo, el 57 por ciento de las terapias herbarias, el 31 por ciento de los tratamientos quiroprácticos y el 24 por ciento de los tratamientos de acupuntura son realizados por especialistas en medicina alternativa o / Y complementaria.

En USA se calculó el costo de la medicina tradicional vs. la alternativa: 29,3 billones de dólares en medicina tradicional contra 21,2 a 37,2 billones de dólares. Las autoridades de salud y universitarias crearon entonces grupos destinados a investigar cuáles eran las terapias que estaban en uso, normas para regular este uso, hacer un inventario de las personas dedicadas a la medicina alternativa, y realizar labores de difusión de las terapias que habían probado ser eficaces a través de congresos, cursos, revistas, etc., destinados especialmente para el grupo médico.

Además facilitaron la aplicación de medicina alternativa en pacientes hospitalizados, especialmente en Unidades Oncológicas y de Cuidados Paliativos, con resultados que han sido publicados en las revistas médicas tradicionales, siendo la mayoría de ellos estadísticamente significativos

En Chile, Colombia, Centro América, existe actualmente un gran interés de las personas por las medicinas alternativas, lo que ha llevado a que aparezcan cada vez más terapias y terapeutas que las aplican.

Luis Alberto Camera, especialista en Clínica Médica del Hospital Italiano, de Argentina admite que, para determinados pacientes y cuadros clínicos, la medicina alternativa es tan útil como la tradicional (síntomas de difícil definición, alergias, dolores musculares, etc.). "Por lo general, se recurre a la medicina alternativa cuando hay fallas en la tradicional, sobre todo si esta última dedica poco tiempo al paciente, generando una relación médico-paciente deficiente a las necesidades del individuo".

La medicina alternativa y/o complementaria, también se ha utilizado para tratar y cuidar a pacientes con enfermedades potencialmente mortales como el paludismo y el SIDA;

algunos estudios realizados en África y América del Norte han demostrado que hasta el 75 por ciento de las personas con HIV combinan la medicina alopática con la alternativa. No hay contradicción en usar ambas terapéuticas.

En una infección, el médico alópata usa antibióticos, pero al mismo tiempo, el paciente busca a un Homeópata para que le proteja el hígado y el intestino para evitar efectos secundarios, y se trata de estimular el sistema inmunológico para que los efectos nocivos del antibiótico no le afecten.

Existe uso generalizado de medicinas alternativas y/o Complementarias, esto no es un fenómeno exclusivo de los países en vías de desarrollo. Tanto en Norteamérica, Sudamérica como en Europa y en otras regiones industrializadas, más de la mitad de la población asegura haber utilizado al menos una vez alguna medicina o método alternativo para hacer frente a alguna dolencia o enfermedad.

Definiciones de la medicina complementaria y alternativa

La medicina alternativa y/o complementaria es un conjunto diverso de sistemas, prácticas y productos farmacéuticos y de atención de la salud que no se considera actualmente parte de la medicina alopática o convencional.

La medicina alopática es la medicina según la practican aquellas personas que tienen títulos de M.D. (doctor en medicina) y los profesionales asociados de la salud, como fisioterapeutas, psicólogos y enfermeras tituladas. Algunos profesionales de la medicina alopática son también profesionales de la medicina complementaria y alternativa. Y otros profesionales que no son médicos alópatas, ejercen la medicina alternativa y /o complementaria.

Si bien existen algunos datos científicos contundentes sobre algunas terapias de la medicina complementaria y alternativa, en general se trata de preguntas esenciales que aún deben responderse mediante estudios científicos bien diseñados-preguntas por ejemplo sobre la seguridad y eficacia de estos medicamentos o remedios, en relación a las enfermedades afecciones para las cuales se utilizan, aunque hay que tener cuidado porque no se pueden comparar de igual a igual ya que los principios de la medicina alternativa y /o complementaria son diferentes a la medicina alópata.

La medicina complementaria es diferente de la medicina alternativa

Algunas gentes la ven como sinónimos y otros dicen que son diferentes. Desde este último punto de vista mencionan que la medicina complementaria se utiliza conjuntamente con la medicina alopática Un ejemplo de terapia complementaria seria el uso de aromaterapia. Una terapia en la cual se aspira el aroma de aceites esenciales de flores, hierbas y árboles para promover la salud y el bienestar, para ayudar a mitigar la falta de comodidad del paciente después de la cirugía, por ejemplo. Y desde este mismo punto de vista definen a la medicina alternativa para utilizarla en lugar de la medicina alopática. Por ejemplo: de una terapia alternativa es el empleo de una dieta especial para el tratamiento del cáncer en lugar de la cirugía, la radiación o la quimioterapia recomendados por un médico convencional. O el tratamiento Homeopático de un niño con asma en lugar del tratamiento alopático

Eficacia de la medicina alternativa y/o complementaria

Los partidarios de la medicina alternativa sostienen que los diversos métodos alternativos son eficaces en el tratamiento de un amplio rango de dolencias leves y graves, y sostienen que trabajos de investigación recientemente publicados (como Michalsen 2003, Gonsalkorale 2003 y Berga 2003) demuestran la eficacia de tratamientos alternativos específicos. Afirman que una búsqueda en PubMed halló cerca de 370.000 artículos de investigación clasificados como medicina alternativa publicados en revistas reconocidas por Medline desde 1966 en la base de datos de la National Library of Medicine (tales como Kleijnen 1991, Linde 1997, Michalsen 2003, Gonsalkorale 2003 y 2003).

Los partidarios de la medicina alternativa sostienen que ésta puede proporcionar beneficios a la salud mediante la participación activa del paciente, ofreciendo más opciones al público, incluidos tratamientos que simplemente no están disponibles en la medicina convencional.

La mayoría de los estadounidenses que consultan a terapeutas alternativos recibirían con entusiasmo la posibilidad de consultar a un terapeuta bien entrenado que tenga una mentalidad abierta y buen conocimiento de los mecanismos de curación innatos del cuerpo, de la influencia de los hábitos de vida sobre la salud y de los usos apropiados de los complementos dietéticos, hierbas y otras formas de tratamiento, desde la manipulación osteopática hasta la medicina china y ayurvédica. En otras palabras, quieren ayuda competente para moverse por el confuso laberinto de opciones terapéuticas disponibles en la actualidad, especialmente en aquellos casos en los que los enfoques convencionales son relativamente ineficaces o perjudiciales.» (Snyderman, Weil 2002).

Algunos médicos alópatas están dispuestos a adoptar diversos aspectos de la medicina alternativa, y seria conveniente incluirla en los planes de estudio en las facultades de medicina.

En relación con todo esto hemos pensado que la aplicación de esta medicina complementaria dirigido a recién nacidos, niños, adolescentes, hombres, mujeres, adultos mayores, son de gran ayuda, especialmente con pacientes oncológicos, portadores de patologías crónicas y agudas.

Me queda claro que es la medicina alternativa y complementaria, la Medicina del nuevo milenio, esta cuenta con una base científica firme gracias a los grandes avances tecnológicos y al grupo de profesionales que rescatan los principios hipocráticos y se preocupan de la persona enferma y no de la enfermedad.

Trabajando entonces bajo estas consideraciones se podrán lograr curaciones a más corto plazo, con menos efectos colaterales y con un menor costo bajo todo punto de vista.

Sistemas de salud como la medicina Ayurvédica son realmente sencillos para practicar en forma cotidiana y podemos decir en su favor que tiene más de 5000 años que se practica, con buenos resultados para aquellos que la adoptan como un estilo de vida, desde recuperación de muchas enfermedades hasta el control de muchas de las enfermedades consideradas como los grandes enemigos de los sistemas de salud tal como la obesidad, hipertensión, diabetes, cáncer, estrés, y de hecho si analizamos someramente sus bases, vemos que están relacionadas con la alimentación, la actividad física, la meditación, el manejo del estrés y con el autocuidado y autodiagnóstico a través de formas naturales como la observación de la lengua, la facies, etc. lo cual explica los grandes beneficios que proporciona a las personas que la adoptan.

Otro sistema simple de salud, que es fácilmente utilizable, sería el de las sales de Schüssler, siendo el Dr. Wilhelm Heinrich Schüssler (1821-1898), de nacionalidad alemana, quien formalizó la investigación sobre estas 12 sales, que hoy llevan su nombre.

El Dr. Schüssler siempre tuvo un gran interés en la Ley del Mínimo, la cual establece que la pérdida de la salud es debida a la falta de ciertos minerales en las células. Estas insuficiencias solamente podían ser observadas en las cenizas de los cuerpos, por lo que analizó las cenizas de un gran número de personas que habían sido cremadas y descubrió que en todos los seres humanos siempre hay ausencia o deficiencia de dos sales bioquímicas, por lo menos.

Al investigar, Schüssler integraba expedientes clínicos de cada una de las personas cuyas cenizas analizaba. En ellos anotaba el nombre y fecha de nacimiento, así como las enfermedades que había padecido en el transcurso de su vida. La experimentación demostró que en los pacientes, hay por lo menos la carencia de una sal fundamental o base y de otra secundaria o complementaria, lo que propicia sus enfermedades. Llegando a la conclusión, de sus investigaciones de que si los tejidos no reciben de la sangre la cantidad adecuada de cada una de las 12 sales bioquímicas estudiadas, se altera el movimiento molecular de las sales en los tejidos y consecuentemente se desequilibra el funcionamiento de las células y su metabolismo, lo que produce los fenómenos conocidos como enfermedades. Convendría destacar que este tipo de padecimientos son muy numerosos y frecuentes. Las enfermedades de esta naturaleza desaparecen, hasta que los tejidos reciben nuevamente, las sales que requieren.

Decía el Dr. Schüssler que "...si en el curso de una enfermedad se retrasa la curación espontánea, entonces se administran las sales minerales adecuadas, en forma molecular (potenciadas o dinamizadas). Estas moléculas pasan a la sangre a través de la mucosa bucal y desencadenan en el foco de la enfermedad un vivo movimiento molecular. De nuevo se pone en marcha el intercambio de substancias entre las células sanas y las enfermas, lo que hace que se produzca la curación."

El sistema terapéutico que desarrolló este brillante investigador, consiste en preparar 12 remedios, cada uno de los cuales contiene una sal inorgánica, reducida en unos casos a la potencia homeopática sexta decimal (6d) y en otros a la tercera decimal (3d), tamaños casi infinitesimales que facilitan la circulación y asimilación de las sales en las células y tejidos del organismo siendo las doce sales: kali phosphóricum, natrum sulphúricum, kali muriaticum, calcárea fluórica, magnesia phosphórica, kali sulphuricum, natrum phosphóricum, calcárea sulphúrica, silicea terra, calcárea phosphórica, natrum muriaticum, ferrum phosphóricum.

A continuación le presento el cuadro resumido de la utilización de las sales de Schüssler por sal así como por sus indicaciones:

1 - Calcium fluoratum [elasticidad]	2 - Calcium phosphoricum [huesos y dientes]	3 - Ferrum phosphoricum [primeros auxilios]	4 - Kalium chloratum [membranas mucosas]
Arrugas, estrías, hemorroides, varices, esmalte dental débil, crecimiento irregular de las uñas, hongos en uñas, formación excesiva de callos, psoriasis, pústulas de acné endurecidas, verrugas duras, cicatrices desfiguradas, piel agrietada, resquebros, hendiduras en la boca, dedos de los pies en forma de martillo, espolones óseos. Ayuda en caso de osteoporosis.	Ayuda a la recuperación después de fracturas óseas, a eliminar el dolor del crecimiento, la producción lenta e insuficiente de los huesos en niños y adolescentes, debilitación del organismo, crecimiento alterado de los dientes, dolor de muelas. Espasmos en los bebés, espasmos musculares, hormigueo y rigidez de brazos y piernas, nerviosismo, propensión a hemorragias nasales y picores de la piel en la vejez.	Se usa para cualquier fiebre. Alteraciones en el metabolismo del hierro, sistema inmunológico débil, pequeñas lesiones (externas e internas), quemaduras de primer grado, problemas de memoria y concentración, mala circulación (pies y manos frías). Dolores musculares, alteraciones en el crecimiento de la piel, cabello y uñas, inflamación nasal, tos, amigdalitis (también con fiebre). Ayuda al tratamiento contra la diarrea y la gastritis.	La bronquitis, nariz congestionada, erupciones cutáneas (eczemas), inflamación de la mucosa estomacal e intestinal, conjuntivitis, bursitis, artritis y todas las inflamaciones que son provocadas por la fiebre. Ayuda al tratamiento médico de quemaduras de primer y segundo grado, inflamación de la vaina del tendón y herpes zóster.

5 - Kalium phosphoricum [mente y sistema nervioso]	6 - Kalium sulfuricum [inflamación crónica]	7 - Magnesium phosphoricum [calambres y dolores]	8 - Natrium chloratum [equilibrio de los fluidos corporales]
Dermatitis del pañal, agotamiento mental, emocional y físico, debilidad en situaciones de estrés, insomnio causado por nervios, falta de energía, desánimo, calambres, alopecia localizada e hiperactividad en niños. Ayuda también al tratamiento contra la depresión, debilitación de los músculos y del corazón y la parálisis.	Todo tipo de alteraciones en la piel (crecimiento irregular de las uñas de los pies y manos, heridas de lenta curación, erupciones con pus y escamas que supuran en la piel). Desequilibrios del hígado, inflamaciones de la membrana mucosa, rinitis crónica y dolor reumático no localizado. Ayuda también al tratamiento clínico de psoriasis, depresión y ansiedad.	Ataques de tos, calambres en las piernas, estómago, los vasos sanguíneos (como la migraña), menstruación dolorosa, dolores de dientes y estómago de los niños, asma, espasmos musculares, cólicos, insomnio, sobreexcitación, agitación, pánico escénico, ansiedad derivada de los exámenes y agitación nerviosa. Reduce los dolores reumáticos.	Sequedad de la piel y membranas mucosas, diarrea acuosa, estreñimiento, gastritis con vómitos acuosos, secreción nasal abundante, lagrimeo imprevisto de los ojos, edemas provocados por causas diversas como picaduras de insectos, dolor de muelas con producción de saliva, erupciones con ampollitas acuosas, depresión con llantos, debilitación general, pérdida de fuerza y dolores reumáticos.

9 - Natrium phosphoricum [equilibrio ácido-base]	10 - Natrium sulfuricum [eliminación de toxinas]	11 - Silicea, el cabello [uñas y piel]	12 - Calcium sulfuricum [procesos depurativos]
Los dolores digestivos en niños pequeños (cólicos, flatulencias) y adultos, trastornos de digestión, vómitos con sabor ácido, reflujo ácido, ardor estomacal y acidez, diarrea maloliente. Problemas respiratorios causados por asma, síntomas de gota en las articulaciones de las extremidades (dedos del pie) y acné facial debido a metabolismo.	Estreñimiento, diarrea, dificultad para digerir grasas, heces de color claro, flatulencias, cólicos, edema, erupciones en la piel con ampollas, acné. Enuresis nocturna, inflamaciones por resfriado, dolores reumáticos que empeoran con frío y humedad, tendencia a la melancolía y depresión. Ayuda también a reforzar el tratamiento clínico de la diabetes.	Supuración de la piel, furúnculos, fístulas, enfermedades reumáticas de las articulaciones, artritis, trastornos de los discos vertebrales, osteoporosis, problemas de crecimiento, tendinitis, endurecimiento de las arterias. Sudor excesivo, síntomas de envejecimiento prematuro, quemaduras, cabello y uñas frágiles, alopecia, crecimiento irregular de uñas y acné.	La supuración de la piel y membranas mucosas, trastornos de crecimiento, problemas reumáticos crónicos. Alteraciones en el funcionamiento hepático, inflamación de los nódulos linfáticos por hinchazón (acudir al médico), dolor, enrojecimiento y bronquitis.

Otro sistema simple y que ayudaría bastante a la población a mejorar o mantener la salud sería el de Las Flores de Bach que son una serie de esencias naturales utilizadas para tratar diversas situaciones emocionales, como miedos, soledad, desesperación, estrés, depresión y obsesiones. Fueron descubiertas por Edward Bach entre los años 1926 y 1934.

El Dr. Bach era un gran investigador, además de médico y homeópata. Experimentó con diversas flores silvestres nativas de la región de Gales, en Gran Bretaña, de donde él era originario, hasta encontrar 38 remedios naturales, cada uno con propiedades curativas para distintos problemas emocionales. A estas 38 flores se les llaman Flores de Bach.

Las Flores de Bach también reciben el nombre de esencias florales de Bach y de elíxires florales de Bach.

Su teoría era que las enfermedades físicas tienen un origen emocional, y que si los conflictos emocionales subsisten por mucho tiempo, la enfermedad del cuerpo empieza a aparecer, Sin embargo, al restaurar el equilibrio emocional se resuelve la enfermedad física. Fue de esta forma que desarrolló la Terapia de las emociones y después de más de 70 años, las Flores de Bach han sido probadas como un magnífico sistema para tratar los problemas físicos, mentales y emocionales de los seres vivos.

Por eso un re-enfoque de la salud debe ser a través de este tipo de medicinas que nos debe obligar a los médicos, a entender para poder trasmitir a los pacientes dicha información y capacitación para mejorar la salud de ellos y de la mayor gente posible, ya que en la medida que la población se dé cuenta de que puede ser parte de su estilo de vida y de que esta respaldad por su médico y por políticas publicas gubernamentales lograremos un proceso de cambio y mentalización para la utilización de estos sistemas de salud simples, como los ya mencionados u otros que se pueden adaptar fácilmente a la población, lo cual nos llevara a que cada uno de nosotros asumamos la responsabilidad en el cuidado de la salud y logremos una población más sana.

¡Como siempre en sus manos está la decisión! ¡Consulte a su médico o un experto en Medicinas Alternativas y mejore su salud!

6

Técnicas para mejorar la salud: Programación Neurolingüística y Coaching

Reconocer los grandes avances de la influencia que tienen nuestros pensamientos, emociones, y en concreto de nuestro cerebro en nuestra salud es fundamental para entender muchos de los procesos que experimentamos antes de llegar a tener una enfermedad, y es imprescindible, en la búsqueda de nuevos esquemas para mejorar la salud y bienestar, generando herramientas que nos permitan una mayor participación en el cuidado de la salud; además de propiciar una nueva cultura en el ámbito médico para lograr nuevas competencias con la finalidad de apoyar y respaldar adecuadamente el uso de estas herramientas por las personas; así como el apoyo de los gobiernos a través de políticas públicas que impulsen el desarrollo y la generación de dichas herramientas asi como también de su difusión. Re-enfocar la salud a través de técnicas y herramientas que se puedan socializar y culturizar como son la Programación Neurolingüística

(PNL) y el Coaching, nos pueden apoyar en la búsqueda de salud y bienestar para toda la población.

Normalmente, cuando nos encontramos mal o tenemos una enfermedad (dolores de cabeza, insomnio, contracturas musculares, ansiedad, fibromialgias, etc.) buscamos soluciones en el exterior en forma de remedios, medicamentos o terapias que reduzcan los síntomas. Pero muchas veces, en la mayoría de los casos, no somos conscientes de que nuestros dolores pueden tener un alto componente emocional (hasta un 90%) y no físico y que por tanto pueden reducirse desde nuestro interior, o al menos tolerarlos ya que pueden deberse a situaciones conflictivas. Cuando indagamos sobre ellas a través de las técnicas de coaching y PNL (Programación Neurolingüística), la persona logra aclarar sus propios conflictos y está más predispuesta a comprometerse con su resolución.

Nosotros podemos convertirnos en los principales conductores de nuestro estado de salud, e incluso de nuestra propia sanación. El coaching y la PNL nos ofrecen la oportunidad de descubrir el potencial de nuestro cerebro para "reprogramar" nuestras creencias y reducir los pensamientos y emociones negativas, que nos lleven a niveles mejores de salud y bienestar.

Todo está en cómo percibimos nuestra realidad, la cual es subjetiva. Es decir, somos lo que creemos que somos. Desde esa presuposición, cada persona tiene todos los recursos para conseguir lo que se proponga. El coaching pretende potenciar todos esos recursos y ponerlos al servicio de una meta, que podemos fijar en una salud optima, e incluso en los pacientes con alguna enfermedad, un mejor control.

Pero incluso el coaching puede ir más allá, con aquellas enfermedades "más patentes": fibromialgia, diabetes, hemiplejia, esclerosis, ciática, etc. Son todas enfermedades o dolencias intensas que tiene su posible mejora o al menos, una adaptación mucho mayor por parte de la persona, con un proceso de coaching. Ya hay, además, estudios que demuestran que el coaching es muy efectivo para reducir los factores de riesgo coronario o ayudar a pacientes con enfermedades crónicas o que puede aplicarse a pacientes en diversos procesos de rehabilitación, entre otros muchos casos en los que es aplicable.

El coaching se está convirtiendo en la forma ideal de mejorar nuestro estado de salud. Quizás sea porque el coaching no se posiciona sobre el problema sino sobre la persona. Porque no se centra en lo negativo sino que trabaja sobre lo positivo. Porque mira poco al pasado y mucho al futuro. Porque le ayuda a comprender quién es, para poder llegar donde quiera, potenciando todos sus recursos. Porque no presupone nada, sólo lo que Ud. quiera.

Si realmente deseamos cambiar el modelo de salud y buscar nuevos esquemas de salud y bienestar valdría la pena insistir, en que debemos cambiar el enfoque del significado de la salud y bienestar de los seres humanos en función de la enfermedad por el de la búsqueda de mayores niveles a través de nuestra responsabilidad, actuada y asesorada para mejores resultados. Por eso hoy presentamos este re-enfoque que nos puede permitir una participación propositiva a través de estas herramientas como son la Programación Neurolingüística y el Coaching:

Técnicas para mejorar la salud: Programación Neurolingüística y Coaching

Hoy en día la salud está transformando su conceptualización social, ante la presión ejercida sobre los Sistemas de Salud, por los altos costos financieros de las enfermedades crónico-degenerativas y el aumento de la esperanza de vida, y ante las cada vez mayores evidencias del papel preponderante del estilo de vida en la prevención y control de las enfermedades y mejor salud y bienestar dependientes de la participación de cada individuo en este pilar del ser humano llamado salud.

Lo cual nos obliga a re-enfocar un nuevo modelo de atención, donde por un lado el paciente asuma su responsabilidad en el autocuidado de su salud y por el otro lado el médico, mejore sus capacidades de comunicación para desempeñar, además de su papel medico tradicional, en un coach que motive, asesore y evalúe los avances de los esfuerzos e ideas del papel que debe desempeñar un persona en el cuidado y mejoramiento de su salud.

Las personas a menudo nos enfrentamos al dilema: ¿cómo puedo cambiar? y no tenemos respuesta en la gran mayoría de los casos. Un síntoma, una enfermedad, una carencia, pueden provocar una necesidad más o menos intensa de modificar algo en la propia vida. Sin embargo, como bien sabemos, a veces el simple deseo de generar un cambio no basta para que éste se haga realidad, hay que saber cómo llevarlo a la práctica.

Quien se dirige a un profesional de la salud, en general lo hace buscando apoyo frente a algún tipo de malestar físico o emocional, lo que deriva frecuentemente en desánimo del médico, al ver que los consejos y las prescripciones no son seguidos por el interesado como sería de esperarse para recuperar la salud y tampoco se siguen los consejos para alcanzar niveles más altos de salud.

Sin embargo, en los últimos tiempos somos testigos de un cambio de paradigma en la atención sanitaria. Antiguamente el profesional de la salud era el único que desempeñaba un papel activo en la consulta, dado que se le creía poseedor de todo el conocimiento, mientras que el paciente permanecía ignorante y pasivo a la espera de indicaciones. Ahora los médicos y otros profesionales se encuentran en una circunstancia diferente: los pacientes no obedecen a ciegas, quieren decidir sobre los temas que conciernen a su salud, y disponen de mucha información, en ocasiones mal utilizada.

Podríamos decir que este modelo de atención se encuentra en crisis, y que es preciso iniciar una relación de ayuda menos asimétrica, más igualitaria. Una interacción entre médico-usuario en que el saber del profesional se combine con la responsabilidad del paciente frente a su propia salud, utilizando su experiencia y su conocimiento personal. Y es aquí donde el coaching, como método basado en la comunicación, puede resultar una herramienta enormemente útil para muchos profesionales, así como para aquellas personas que se encuentran en una situación que no es fácil de resolver. Una comunicación efectiva puede ayudar a abrir ventanas, clarificar, encontrar nuevos objetivos y, sobre todo, ponerse en acción.

La salud, nuestro bien más preciado, nos lleva a un compromiso con uno mismo. Por eso, ante la enfermedad o el malestar, los profesionales actuarían con más eficacia si, en vez de ofrecer respuestas o soluciones rápidas, fueran capaces de estimular la curiosidad, abrir preguntas, generar reflexión y por lo tanto participación.

Usted puede estar sano y en buena forma ya, pero la mayoría de nosotros tenemos algo que podríamos mejorar. Tal vez, para usted, es su peso. Es posible que fume y quiere dejar de hacerlo, pero no sabe cómo, o puede que tenga una enfermedad que no va a desaparecer. Usted podría tener una alergia, tal vez la fiebre del heno o asma o alguna enfermedad que los profesionales médicos no han sido capaces de tratar con eficacia.

La PNL y el coaching pueden representar la herramienta entre su problema de salud o un mal hábito y lo que necesita hacer, lo cual podremos lograr a través de este re-enfoque que nos puede ayudar a lograr mejorar o controlar nuestra salud.

Esto es lo que nos permite un período de sesiones de coaching y PNL: una visión que establezca lo que quiere en su salud, una historia detallada que establece la causa raíz del problema, un idea integral de todas las emociones negativas que nos impiden estar bien, eliminación de cualquier restricción de las creencias que le impiden tener la salud que usted desea, enfoque concentrado en su salud, descubrir lo que es importante para usted en su salud realineando lo mental y corporal a los valores, aprender técnicas que le permiten comunicarse directamente con su mente inconsciente para que continúe trabajando en sí mismo, incluso después de una sesión.

Debemos reconocer, y se lo decimos frecuentemente a nuestros pacientes o seguidores de nuestras conferencias, que lo primero en la vida es la salud. La importancia de sentirse sano es algo de lo que se tiene conciencia desde que se tiene uso de razón, por lo cual estos conceptos del COACHING DE SALUD nos permite transformarnos en un "paciente/usuario decisor". El coach ofrece un acercamiento integral a nuestro estado personal de salud para que tomemos conciencia y podamos alcanzar nuestro potencial máximo en áreas como la nutrición, el cuidado personal o la adquisición de hábitos saludables.

El HEALTH COACHING (en su terminología anglosajona) actúa tanto sobre las personas sanas que quieren aumentar su rendimiento, como los que desean ser parte activa su mejoría o su curación.

A través de la mirada de un coach podemos conseguir resultados que nos dirijan hacia una vida saludable y tomar conciencia de la fuerza que tiene la actuación positiva sobre el cambio de hábitos para obtener resultados diferentes. Ello implica estar alerta, informarse más, buscar alternativas, compartir necesidades, corregir y dar cuentas de nuestros compromisos, responsabilizándonos de nuestros fallos y disfrutando de nuestros logros.

El coach busca ayudar a la persona a comprender de qué manera su comportamiento presente (costumbres de alimentación, ocupaciones, hábitos o conductas...) está afectando a su salud actual y amplía las perspectivas de actuación que le dan acceso a unos mejores resultados. A través de una forma de diálogo avanzado, durante las sesiones de Health Coaching la persona entra en un proceso de reconocimiento y asume unos retos que le hacen ser consciente de su capacidad de mejora y su potencial de decisión mediante un seguimiento apropiado.

Cada uno es responsable de su salud, de su estado y de su transformación. Podemos elegir, aceptar o rechazar. El coach es el encargado de indagar, entrenar y/o facilitar la organización de estas metas de salud, pero todas estas herramientas convergen finalmente en el afectado, que es el protagonista principal y el que percibe directamente los resultados, de aquí podemos resaltar el papel del médico como coach, o bien el desarrollo de nuevas figuras en el campo de la salud como los monitores o asesores con dominio de la PNL y el coaching.

Los cambios saludables que se pueden lograr con la PNL y el Coaching son:

- Re-entrenar a su cerebro en cómo comer para vivir, en lugar de vivir para comer
- Desarrollar la mentalidad del consumo de alimentos saludables
- Vivir un estilo de vida natural sano
- Ejercicio por el gusto de hacerlo
- Usar el placer y la satisfacción de conducir sus estrategias de bienestar
- Rediseñar su sistema inmune para regenerarlo a través de un sueño profundo

Las personas que viven un estilo de vida saludable integral no tienen que pasar mucho tiempo pensando en qué hacer para estar sano, porque saben que están sanos... y porque saben que están sanas se comportan en formas que apoyen su salud y bienestar. No basta la disciplina y el conocimiento, lo que realmente necesitamos es aplicar la PNL con la utilización de los patrones visual, auditivo y kinestésico de las elecciones saludables e incrustarlo profundamente en su cerebro. En otras palabras Usted necesita tener una estrategia eficaz para ser una persona sana.

La PNL es bien conocida por su uso en la lucha contra el cáncer, las alergias y el logro de la eliminación de la pérdida de peso duradera, por no hablar de los atletas más exitosos modelos. ¿No es hora que aprenda la gente a comer y estrategias que utilizan ejercicios de PNL para lograr y mantener sus objetivos?

Sorprendentemente hubo un patrón consistente en el pensamiento de las personas que tienen o han desarrollado un estilo de vida saludable. Aquí está la buena noticia... el placer y la satisfacción son factores clave - no la disciplina. ¿Se encuentra el ejercicio placentero? ¿O es que se siente como un trabajo? ¿Le gusta comer los alimentos adecuados? ¿O es que comer sano es sentir como que se está privando? Imagínese lo que sería como si tuviera toda una nueva apreciación de lo que la salud es realmente... cómo lograrlo... y la manera de mantener... con facilidad... de forma natural? Así que usted puede.

La PNL según Richard Bandler y John Grinder, es: "La disciplina que estudia la experiencia subjetiva", en otras palabras: el mapa con el que percibimos el mundo y nos comprendemos a nosotros mismos. Otra posible definición hace referencia a la PNL como el arte y la ciencia de la excelencia en la comunicación intrapersonal e interpersonal.

Por un lado, la PNL nos ayuda a identificar nuestro estado psicológico actual, es decir, cómo pensamos, sentimos y actuamos, y qué resultados obtenemos con ello. Por otro lado, nos aporta estrategias y herramientas para conseguir ver cumplidos, a través del modelaje, los objetivos deseados. En otras palabras, nos permite potenciar nuestra creatividad, mejorar la comunicación, resolver conflictos afectivos y mejorar nuestra salud.

La PNL nos ayuda a conocernos a nosotros mismos y facilita el cambio de nuestros patrones cognitivos y conductuales. La PNL nos permite integrar y armonizar nuestros intereses, creencias y valores –frecuentemente en conflicto–, para desarrollar nuestro potencial al máximo, y en el caso de la salud nos permite alcanzar niveles máximos.

¿Cómo funciona la PNL? Existen muchas piezas sueltas, como en un rompecabezas. Vamos a juntar todas esas piezas para darles un sentido global.

La primera pieza del rompecabezas es el entorno. Pero el entorno es algo más que lo que nos rodea, ya que comprende tanto al entorno exterior, como al entorno interior, es decir, tanto a los estímulos exteriores como a las sensaciones físicas que se generan en nuestro interior. Los niveles de hormonas y de enzimas tienen mucho que ver con este entorno interior

La segunda pieza del rompecabezas son las percepciones. Dependemos plenamente de las percepciones. Nuestros receptores sensoriales se encargan de trasladar varios tipos de estimulaciones físicas al interior de nuestro cerebro por medio de señales codificadas, que tienen que ser traducidas para que consigan un significado.

El estado presente, que es la tercera pieza del rompecabezas se da porque vivimos en algo llamado "el presente" y es la relación entre lo que percibimos y lo que decimos que estamos haciendo. Es decir, el proceso es: significado = percepción del momento + memoria. Para darle un significado a estas percepciones el cerebro necesita comparar las nuevas percepciones con otras procesadas con anterioridad (memoria). Pero una cosa es el significado que le da nuestro cerebro y otra muy diferente la realidad objetiva.

La cuarta pieza es el estado deseado, que está compuesto por nuestras creencias (¿qué es importante para mí?), nuestros valores (¿por qué esas creencias son importantes para mí?)

y nuestras expectativas (¿cómo o cuando conseguiré esas creencias o valores?).

El producto de esta comparación son nuestras emociones, que es la quinta pieza del rompecabezas. Cada emoción que tenemos es un indicativo de si el estado presente se acerca o no a nuestro estado deseado. Cuando se acerca, nuestras emociones son satisfactorias, cuando no se acerca, las emociones son de sufrimiento.

Nuestro cerebro combina estos elementos (estado presente, estado deseado y emociones) para crear lo que llamamos realidad, la sexta pieza. Realidad y entorno no es lo mismo, por supuesto. La realidad es un estado completamente subjetivo, consecuencia del significado que le hemos dado a la información que nos ha llegado a través de las terminaciones nerviosas de nuestros sentidos, una vez pasada esta información por los filtros de la memoria, unido al estado deseado y la comparación entre ambos. Nuestro conocimiento consciente aparece después de que se haya procesado el input sensorial. La mente inconsciente, por su parte, ha recibido, filtrado, procesado y evaluado lo que le ha llegado del entorno.

Finalmente continúa la selección de una respuesta conductual, la última pieza del rompecabezas. Nuestro cerebro elige una respuesta conductual entre todas aquellas que ha ido aprendiendo a lo largo de la vida. Aprendemos distintas vías para responder a las emociones a que nos enfrentamos.

Por lo tanto es preciso comprender la necesidad de tomar control sobre esos diálogos internos, poderlos cambiar para mejorar nuestra salud y bienestar.

Una aplicación práctica de la PNL en el campo de la salud
seria la siguiente, en ese orden:

> ➤ Represente, visualizando, su "escena" de enfermedad.
> Puede centrar su atención en varios detalles que
> generan su diálogo interno.
> ➤ Represente, visualizando, su "escena" de salud deseada.
> Tomando esos detalles en los cuales fijo su atención,
> va transformándolo en otros en los cuales la salud esté
> presente. Dígalo en voz alta.
> ➤ Coloque la primera escena (enfermedad) proyectando
> sobre una pared lisa. hágala más pequeña, hasta
> prácticamente desaparecerla.
> ➤ Inmediatamente coloque la segunda escena (salud)
> y agrándela, hágala mucho más amplia en la cual se
> destaque con nitidez, los detalles que trasformo junto
> con los diálogos, y viva esa escena intensamente.

En este ejercicio podemos apreciar con sencillez como la
aplicación de la PNL puede ayudar a tener una mejor salud,
lo que la convierte en una herramienta valiosa para ser
utilizada por los médicos y por cada uno de nosotros, y junto
con el coaching podemos llegar a generar un nuevo enfoque
de la salud y el bienestar, utilizando nuestros propios recursos.

**Los recursos que Ud. tiene, como la visualización, son
poderosos, simplemente porque su interior no distingue
cuando es real y cuando es imaginario. Las redes
neuronales simplemente registran toda información que
Ud. envía. Además de registrar, lo guardan, por lo tanto
está viviendo escenas de salud "reales" porque depende
de Ud., vivirlas con intensidad, y a través de la PNL y
coaching lo puede lograr. Es posible generar grandes
cambios en su salud, cuando se lo propone. Ojala y este
re-enfoque a través de la Programación Neurolingüística**

y el coaching nos permita reflexionar acerca de que hay otras formas para estar mejor y se decida a cambiar para lograr mayor bienestar. Y en el caso de los gobiernos se decidan a implementar políticas públicas para socializar los conceptos y su aplicación de al PNL y el coaching en el campo de la salud y el bienestar.

7

Cambio en la Educación para la salud

El desarrollo científico y tecnológico, las comunicaciones, el internet, los cambios en la utilización del tiempo por los adolescentes y los adultos que se denominan ya la generación net, nos van llevando hacia circunstancias diferentes a las que pudimos haber imaginado hace muchos años, y la salud y el bienestar no son la excepción, por lo cual debemos aprovechar esta etapa del ser humano para su beneficio; y en la búsqueda de su desarrollo y su evolución logremos, entre otras cosas, mejorar la salud y el bienestar de la población como un objetivo de vida.

El historiador Roger Gal afirma, que solo en los periodos de crisis profunda, como lo estamos viviendo en los sistemas de salud en el mundo, buscamos una respuesta en la educación, tomando cada vez más conciencia del importante papel que ésta tiene, y sobre todo, del que podría llegar a tener en la vida del individuo y de la sociedad si realmente la utilizáramos.

Para lo cual, por supuesto, tenemos que cambiar el enfoque de la salud, y otra óptica seria a través del cambio de la educación en salud, de hecho más bien fortaleciéndola en forma importante porque ya se utiliza, considerándola como un factor fundamental, y en la cual distinguimos dos vertientes principales: la primera seria la educación de la población que desea tener mayor bienestar, y la otra en los pacientes crónicos y sus familiares, vertiente que ya ha demostrado grandes resultados y ahorros económicos de mucha consideración. Por eso hoy le presento este re-enfoque por medio del cambio en la Educación en Salud con una visión de gran envergadura que los gobiernos deben emprender para lograr generar el cambio que la población requiere para asumir su responsabilidad en el cuidado de su salud, reconociendo el papel que ha desempeñado la promoción de la salud que tanto ha difundido e impulsado la Organización Mundial de la Salud.

Cambio en la Educación para la salud.

En la primera vertiente de este re.-enfoque debemos observar que la educación en salud es una estrategia fundamental para lograr una sociedad más sana y longeva, ya que la información y el conocimiento generan cambios en la conciencia que pueden impulsar acciones que mejoren el estilo de vida, y debe convertirse en una política pública en todos los Países que aspiren a una evolución de su población.

La salud, considerada no en términos asistenciales o reparadores de enfermedad, sino como la capacidad de desarrollar los propios potenciales personales y responder de forma positiva a los retos del ambiente, no puede entenderse sino en el marco de la promoción de la salud, que pretenderá el desarrollo de las habilidades individuales y la capacitación para influir sobre los factores que determinan la salud, así como la promoción de los cambios necesarios para generar y posibilitar las opciones saludables.

Hay que observar que en estos tiempos que estamos viviendo son los estilos de vida y los factores medioambientales los que, en mayor grado determinan nuestra salud.

Bajo esta óptica multidimensional (física, social, ecológica, etc.) así como lo relativo a lo histórico, cultural, individual, etc. requiere más que nunca de la participación activa de una población bien informada para el logro de los objetivos de promoción de la salud, convirtiéndose la educación para la salud en la herramienta que nos proporciona los conocimientos, actitudes y habilidades necesarias, así como la conciencia de los factores determinantes de la salud, lo cual nos lleva a la participación activa de los individuos, las familias y la población en todos los procesos relacionados con su salud y bienestar.

En el año 1983, la O.M.S. definió el término educación para la salud como cualquier combinación de actividades de información y educación que conduzca a una situación en la que las personas deseen estar sanas, sepan cómo alcanzar la salud, hagan lo que puedan individual y colectivamente para mantenerla y busquen ayuda cuando la necesiten.

Educar es un proceso de socialización y desarrollo que tiene como objetivo conseguir la capacitación del individuo para desenvolverse en su entorno, facilitándole las herramientas para la gestión de su propia realidad y la intervención activa en los distintos escenarios sociales. Y en el caso particular de la educación para la salud supone facilitar el aprendizaje dirigido a conseguir cambios en los comportamientos perjudiciales para la salud o mantener los que son saludables.

Actualmente, los problemas de salud están aumentando como resultado de condiciones agudas y crónicas relacionadas con la conducta individual como son el tabaquismo, la mala alimentación, las enfermedades de transmisión sexual, los accidentes, etc. Las acciones sobre estos hábitos requieren de la participación activa del paciente con el consejo del personal médico. Para conseguir esta participación es necesaria la educación, motivación e información.

La educación para la salud es una parte de la estrategia de promoción de salud basada en el fomento de estilos de vida saludables, que se representan en la conducta de los individuos en la utilización de conceptos y procedimientos saludables y hábitos, valores y normas de vida que generen actitudes favorables para la salud.

La metodología de la educación para la salud supone la utilización del espacio, el tiempo, los recursos humanos y materiales, así como las relaciones de comunicación, de forma que se pongan en marcha estrategias educativas en los diversos ámbitos de actuación y relación entre los profesionales y los usuarios de los centros de salud.

La educación para la salud es considerada como una herramienta de la salud pública a través de la cual podemos lograr cambios, crear corriente de opinión, establecer canales de comunicación y capacitar a individuos y a comunidades para que bajo su propia responsabilidad e implicación, hacerlos activos y participantes en el rediseño individual, ambiental y organizacional con acciones globalizadoras para lograr como objetivo final el cambio o modificación de los malos hábitos y el reforzamiento de los saludables.

La educación para la salud es también un proceso que informa, motiva y ayuda a la población a adoptar, y mantener prácticas y estilos de vida saludable; haciendo énfasis en la mejora del medio ambiente al fin de facilitar estos objetivos. Genera el desarrollo de todas aquellas potencialidades que transforman al individuo y la comunidad, en dueños de su propio destino, para construir alternativas y soluciones. El aprendizaje supone fundamentalmente interacción o relación persona-ambiente; información; actividades; interiorización y asimilación de algo nuevo que produce cambios en las personas.

Para hacer realidad este re-enfoque de la salud, en esta primer vertiente debe considerarse a nivel gubernamental realizar políticas públicas que permitan generar, cuando menos:

➤ Herramientas de salud y bienestar
➤ Eventos masivos que propicien la participación de la sociedad en el autocuidado de la salud
➤ Programas en poblaciones cautivas (gobierno, escuelas, fábricas, grupos vulnerables, etc.)
➤ Utilización de las tecnologías de la comunicación en forma masiva
➤ Premios estatales para estimular a personas e instituciones a innovar en el autocuidado.
➤ Creación de nuevas figuras en el área de la salud y bienestar (coaches, monitores, asesores)
➤ Desarrollo de un Instituto de Desarrollo Humano Integral

La segunda vertiente de este re-enfoque de la salud y bienestar, trata de la educación en pacientes que ya tienen una enfermedad, a los que necesitamos establecerles la Educación en salud como pilar fundamental, para tener un buen control de su enfermedad, además de aspirar a vivir bien, evitando complicaciones y logrando el desarrollando de su potencial hasta el máximo posible.

Podemos iniciar preguntándonos: ¿a qué se debe que la educación de pacientes no es una práctica generalizada y sistemática en todos los servicios asistenciales que tratan a enfermos con una patología crónica? ¿Sera porque la Educación del Paciente es una práctica reciente? ¿Cómo entendemos el concepto de educar a un paciente crónico? ¿Cuáles son las dificultades que podemos hallar para llevar a cabo este tipo de actividad?... Estas y otras muchas más cuestiones en torno a la educación de este tipo de pacientes, son objeto de debate en este inicio de siglo, marcado por un escenario social que podríamos calificar de «crítico» y al cual debemos de entender, si realmente deseamos disminuir la presión financiera de los sistemas de salud, además de los grandes beneficios que implican para los pacientes.

A este respecto, el historiador Roger Gal afirma, que solo en los periodos de crisis profunda, buscamos una respuesta en la educación, tomando cada vez más conciencia del importante papel que ésta tiene, y sobre todo, del que podría llegar a tener en la vida del individuo y de la sociedad si realmente la utilizáramos.

Desde un punto de vista objetivo, si queremos comprender la situación actual en el campo de la educación del paciente, e inferir a partir de la misma las tendencias que configuraran el futuro de este tipo de prácticas, es esencial tener una visión lo más clara posible sobre cómo se ha llegado a esta situación y las transformaciones, cambios y dificultades a las que nos enfrentamos para darle la importancia que se merece este re-enfoque

En esta vertiente, en la actualidad, existen un gran número de estudios que demuestran que la aplicación de programas educativos en pacientes afectados por enfermedades crónicas, contribuyen a reducir las complicaciones a corto plazo, facilitan un mejor control metabólico, disminuyen los ingresos hospitalarios y por ende los costos. Por otra parte, también han puesto de relieve, que la Educación al paciente, mejora sus conocimientos sobre su enfermedad, sus actitudes y comportamientos. Por lo cual podemos afirmar entonces, que la Educación del paciente, contribuye a un aumento considerable de su estado de salud y de su calidad de vida.

En algunos de los estudios, como los desarrollados por Geller y Butler, en 1981, observaron que de 78 ingresos consecutivos en diabéticos, el 27% eran atribuibles a educación insuficiente, el 10% era debido a problemas psicosociales y otro 20%, era el resultado de una combinación de deficiencias Educativas y problemas psicosociales. Davison y sus colaboradores en Atlanta, obtuvieron seis años después de iniciar un programa educativo, una reducción en el 47% del número de amputaciones en pacientes diabéticos; paralelamente, los ingresos por cetoacidosis, descendieron de más de 500, a 112 por año. Dud y col observaron una disminución en las visitas ambulatorias del orden del 67%, y de las urgencias por Diabetes Mellitus del 55%, en un grupo de pacientes de difícil control, tras haber recibido ocho horas de instrucción en Diabetes.

Estos mismos autores, calcularon en 1982, un coste de su programa educativo de 360 dólares por paciente, y hallaron un ahorro al inicio del programa, de 394 dólares por paciente. En un Hospital de Barcelona, un estudio realizado entre 1982 y 1986 mostro, que el programa educativo realizado en pacientes diabéticos, alcanzó un ahorro anual de 34.500 ptas. por paciente. Extrapolando esta cifra a los 461 diabéticos instruidos, supone un ahorro anual, solo en costes directos (hospitalización, consultas, etc.) de 15.900.000 de pesetas. Los costes indirectos de la enfermedad, (días de ausentismo laboral, disminución de la productividad, incapacidad laboral

y ganancias no acumuladas debidas a invalidez permanente)
no fueron evaluados en este estudio.

A diferencia de la educación para la salud, de la primera
vertiente de este re-enfoque, que tiene como finalidad
promover la salud y prevenir la aparición de enfermedades,
la educación del paciente es una prevención secundaria o
más bien terciaria, dirigida exclusivamente a los individuos
afectados por una enfermedad crónica. Su finalidad, es
capacitar al paciente en la vigilancia del tratamiento, y la
prevención de las complicaciones derivadas de su propia
enfermedad. En definitiva, se trata de que el paciente sea
capaz de gestionar su propia enfermedad.

Considerada por los pedagogos como una «educación de
grupos especiales», como por ejemplo la educación de
minusválidos, la educación del paciente al autocuidado,
se caracteriza por una autentica transferencia planificada
y organizada de competencias, (hasta ahora consideradas
exclusivas de los profesionales de la salud) hacia el paciente.
Es decir, que el paciente alcance el mayor grado posible
de autonomía respecto a la dependencia de los servicios
asistenciales. Desde esta óptica, la educación del paciente no
consiste simplemente en «informar, al paciente sobre aspectos
relacionados con su enfermedad. Aunque la información
es necesaria, es conveniente situarla en su justo contexto. La
información no es un saber, ni tampoco es en sí misma un
conocimiento. Pero puede participar en la construcción del
saber si está integrada a la experiencia.

La educación del paciente, más allá de la información, es un
proceso que sigue varias etapas (según el grado de aceptación
de la enfermedad por el paciente) que debe de estar integrado
como una parte más del tratamiento médico y de los
cuidados, debiendo comprender un conjunto de actividades

planificadas de sensibilización, de aprendizaje y de apoyo psicológico y social.

Debemos además, considerar que la educación del paciente debe incluir el tratamiento, la prevención, las ciencias médicas y de enfermería, la psicología, la antropología y, además, la pedagogía. El objetivo no es conducir al paciente a encontrar un imposible, sino a una forma de adaptación a una cierta inadaptación.

Un paciente al que se le diagnostica una IRT (Insuficiencia renal terminal), nunca volverá a ser el de antes, no podemos devolverle a su anterior estado de salud, el objetivo, no es imponerle una serie de normas de conducta para que pueda sobrevivir. La misión es ayudarle a que él elabore sus nuevas normas de vida, que le permitan adaptarse a su nueva situación, y poder seguir viviendo, con la mejor calidad de vida posible.

Podemos observar que, educar a un paciente crónico, es una actividad que necesita una verdadera competencia por parte del profesional de la salud. Esta competencia, debe adquirirse por medio de una formación específica, que capacite al profesional para desarrollar sus competencias y acompañe al paciente al mismo tiempo, generándole sus propias competencias.

La autogestión efectiva y la educación de los pacientes deben verse como componentes esenciales de un sistema sanitario moderno y de alta calidad, por lo que debe re-enfocarse tomando en cuenta lo que actualmente tenemos en el campo de la educación en salud para hacerlo desde una perspectiva más global y de mayor alcance que nos permita una participación importante de los pacientes y sus familiares en la búsqueda de mayor salud y bienestar.

Las actividades educativas para pacientes que sufren enfermedades crónicas deben incluir:

> Información específica de la enfermedad
> Habilidades básicas de gestión como son la resolución de problemas, búsqueda y utilización de recursos, trabajo con equipos de atención médica.
> Uso de estrategias psicológicas que aumenten la confianza de los pacientes para lograr adoptar los comportamientos que se necesitan para gestionar su enfermedad permanentemente

El apoyo a la autogestión se puede realizar entre el paciente y el profesional de la salud, o bien en grupos dirigidos ya sea por proveedores de salud o por nuevas figuras creadas en el campo de la salud y bienestar (como coach, asesores, monitores), o incluso a través de tecnologías como el internet.

Cuando los pacientes participan en programas de autogestión basados en la evidencia e interactúan con profesionales de la salud que emplean estrategias de apoyo a la autogestión, se vuelven más expertos y consiguen una mayor eficacia. Lo cual influye en su actitud y en la actitud del personal médico; consiguiendo los pacientes controlar mejor su enfermedad, lo que nos lleva a la obtención de mejores resultados de salud y una mayor satisfacción del paciente; logrando una mejor eficiencia en la prestación de servicios de salud, así como una mejora en la productividad en el lugar de trabajo y una disminución de los costos de atención médica.

Los programas eficaces de apoyo a la autogestión requieren cambios a nivel de médico-paciente, además de cambios en otros niveles: administrativo, en el sistema sanitario, en las políticas públicas y en el apoyo del entorno del paciente. En algunos estudios se ha observado que utilizando diversas modalidades se obtienen mejores resultados en lo que se refiere a los comportamientos saludables. En ocasiones no todos los pacientes quieren o pueden participar en actividades de esta naturaleza. En estos casos, puede funcionar la implicación de la familia y/o de la pareja. No hay que olvidar que las tecnologías modernas de las redes sociales interactivas tienen un alto potencial para mejorar el apoyo de la autogestión.

Para dar una mejor idea acerca de que se trata la educación en salud y cómo influye en una persona y en la sociedad, además de los grandes ahorros de los sistemas de salud, le damos un ejemplo real:

"Hace 5 años, el paciente JRTF tenía 53 años, con sobrepeso de aproximadamente 30 kg, presentaba diabetes tipo 2, hipertensión arterial además de osteoartritis en ambas rodillas y cadera. Siempre había participado de en deportes de competición en grupo como el fútbol y el basquetbol. Hasta los 40 años tuvo un peso normal para los hombres de su estatura y complexión, pero fue ganando peso de forma gradual. Empezó a tener problemas en las rodillas y sufrió varias lesiones por las que tuvo que someterse a cirugía artroscópica. Siguió practicando esos deportes porque hacerlo era importante para él, aunque con ciertas modificaciones que le evitaban tener que correr o arrancar muy rápido y parar. Sin embargo, por continuar en el deporte aumento su dolor y la dificultad para moverse.

Hace cuatro años participó en un programa de promoción de la salud sobre gestión comunitaria aprendiendo habilidades y estrategias que le fueron de utilidad. Lo que más le preocupaba era perder peso y comer de forma que no se quedara con hambre todo el tiempo. Quedó impresionado por el programa, se convirtió en líder de grupo y, posteriormente, dirigió el programa en cuatro ocasiones. Le habló a su médico acerca del programa de autogestión y se quedó sorprendido de que el doctor ya estuviera familiarizado con los conceptos clave del mismo, como por ejemplo "plan de acción" y "resolución de problemas". Su médico también lo animó a unirse a un programa online donde podría volver a hacer el programa de autogestión, acceder a su historia médica, añadir cierto tipo de información, como sus últimos niveles de Hemoglobina glucosilada, comunicarse con otros enfermos, recibir boletines electrónicos online y encontrar recursos comunitarios.

Hoy día JRTF continúa gestionando la diabetes y haciéndole frente, pero siente que tiene más control. Utilizó un proceso para resolución de problemas y encontró la forma de hacer 30 minutos de ejercicio al día estacionándose a cinco cuadras de distancia de la oficina y utilizando las escaleras en lugar del ascensor, comiendo, además comida saludable y que le sacia. Para la casa, se compró un programa muy conocido de fitness en video y le gusta hacer los ejercicios con su mujer y con sus nietos. También se unió a un chat online para hombres mayores con diabetes. Ha perdido cerca de 18 kg, tiene mucha más energía y mantiene una buenísima relación con su médico, quien también está contento con la forma en que JRTF controla su enfermedad"

Los cambios de la educación en salud deben darse considerando las tecnologías de la información, la cultura de las poblaciones, las necesidades y percepciones en salud, y por supuesto el grado de desarrollo económico, político y social de las comunidades, pero es ineludible re-enfocar la salud y el bienestar bajo esta óptica, de enseñanza, capacitación, información y conciencia, que nos permite aspirar a lograr una mejor salud y bienestar de la sociedad. Ya existe la capacitación y enseñanza

en salud, existen países como Estados Unidos, España, Inglaterra que lo realizan en forma extensa, pero necesitamos ir mas allá y desarrollar esta visión de la salud y bienestar en forma masiva, socializando y culturizando el concepto.

Reconocer el problema que implica la enfermedad, que siempre estará ahí, pero que podemos llegar a evitar que avance, así como la aparición de sus complicaciones mediante la educación en salud de los pacientes nos llevara a mejores niveles de salud, aunque ya tengan algunas enfermedades. Y lo ideal será lograr que la población participe activamente en alcanzar niveles óptimos de salud y bienestar a través de esta estrategia fundamental de la promoción de la salud.

Nuestra salud y bienestar están en nuestras manos en gran medida, ¡Ud. Decide!

8

Estilo de vida saludable
en el trabajo

Entender la vida como un proceso que tiene inicio y tiene fin nos lleva a replantearnos la forma en que queremos transitarla, sin olvidar por supuesto, que al principio somos totalmente dependientes de otros seres humanos, de nuestra herencia, cultura y entorno en el cual giraran nuestros primeros años de vida. Pero ¿en qué momento somos capaces de reflexionar y tomar conciencia que los únicos que seremos capaces o no de mejorar nuestra estancia en este mundo somos nosotros mismos? Es cierto que nos enfrentaremos a obstáculos, tristezas, emociones, risas, felicidades, logros, fracasos, decepciones, y claro no pueden faltar enfermedades que nos llevaran a la búsqueda de atención médica, con los mejores médicos, las mejores medicinas, los mejores hospitales. Y cuando recuperemos la salud tendremos la obligación y debemos de hacerlo, el agradecer profundamente haber recuperado la salud. Esto es algo muy humano, por lo cual la medicina es muy humana, valga la redundancia, y nos permite, en muchas ocasiones continuar en nuestra línea de vida. Pero ¿Por qué no hacemos algo para alejarnos del riesgo de enfermar, del riesgo de morir prematuramente, de tener una discapacidad que nos lleve a una vida difícil el resto de años que nos quedarían?

Es cierto que los grandes avances científicos y tecnológicos nos han llevado a aspirar a una esperanza de vida mayor a recuperarnos de muchas enfermedades que antes eran mortales, pero también es cierto que como sociedad no hemos asumido nuestra responsabilidad de llevar un estilo de vida saludable y como gobiernos de impulsar políticas tendientes a generar en la población una cultura de autocuidado, no hemos entendido la necesidad de transformarnos como sociedad.

Por lo anterior, resalta la importancia que tienen los centros laborales, como un espacio propicio para impulsar y desarrollar en los trabajadores un estilo de vida que los beneficiara, y a las empresas les generara ahorros sustanciales.

Aprovechar a estos grupos cautivos, es imprescindible para ir generando una nueva cultura de autocuidado así como para desenvolver las grandes estrategias de promoción de la salud en la población para aspirar a vivir muchos años y con calidad de vida. Debemos de re-enfocar la salud para que desde otra óptica mejoremos los niveles de bienestar de la población a través de una mayor participación de cada uno de nosotros, por lo cual este capítulo trata de los grandes beneficios de los programas desarrollados en el área laboral.

Estilo de vida saludable en el trabajo

La promoción de hábitos saludables en los lugares de trabajo.- Hoy en día las circunstancias obligan a los gobiernos a replantear los abordajes de la salud, en virtud de que los gastos generados por los modelos actuales de atención a la salud están rebasando la capacidad de respuesta financiera, y, ante el embate del crecimiento de las enfermedades crónico-degenerativas, se está desarrollando, en consecuencia, la estrategia de promoción de la salud en los lugares de trabajo; y la población que labora se entusiasma con esta nuevo planteamiento que recorre tanto las instituciones privadas, como el sector privado así como la población en general, por el crecimiento de esta estrategia de promoción de la salud en los lugares de trabajo. Los beneficios para todos están sobradamente demostrados.

Está comprobado que los problemas personales de un trabajador afectan su rendimiento laboral; de estas situaciones un 80% están relacionados con la salud y el equilibrio emocional.

Pudiéramos resumir los beneficios, que se encuentran plenamente documentados, de la implantación de programas de promoción de la salud en el trabajo, que no solo mejoran la salud del empleado sino además las ganancias de la empresa:

- Mejor rendimiento y mayor productividad.
- Disminución del ausentismo y de bajas por enfermedad.
- Mayor compromiso y lealtad del trabajador.

En los múltiples estudios científicos que avalan estas afirmaciones, encontramos en Alemania un estudio de la

Initiative Gesundhait und Arbeit, una cooperación entre
la BKK-Bundesvand (Asociación Federal de Compañías
de Seguros de Fondos de Salud) y la HVBG (Federación de
Instituciones de Accidentes de Seguro Estatutario), quien
realizó un estudio cuya primera edición se realizó en 2004
llamado "Salud y beneficios económicos de la Promoción de
la Salud en el Trabajo" y los resultados en forma resumida,
fueron los siguientes:

1. "...Los resultados confirman la efectividad de
    programas de promoción de la salud en la reducción
    de riesgos de salud..."

2. "... Los hallazgos indican que la promoción de la
    salud en las empresas es rentable, particularmente
    debido a la disminución de gastos médicos y
    reducción del ausentismo. El resultado del retorno
    por inversión reportado están entre 2:3 euros por
    cada euro invertido en lo relacionado a los gastos
    médicos y de 10.1 euros de retorno por cada
    euro invertido en relación a la disminución de
    ausentismo.

Por otro lado, en EEUU los estudios han demostrado
repetidamente desde hace más de 20 años que programas
de Promoción de la Salud en el Trabajo reducen los
gastos de salud y de seguros médicos, reducen el
ausentismo significativamente y mejoran el rendimiento
y la productividad. Otros beneficios que los estudios han
comprobado son: Mayor capacidad para atraer y retener
personal clave, mayor fidelidad de los empleados y mejora de
la imagen pública de las empresas.

Resultados globales de retorno por inversión de algunos estudios:

Empresa	Dólares Ahorrados	Dólares invertidos
Bank of America (Fries)	5.96	$ 1.00
PacBell	3.10	$ 1.00
Wisconsin School District Insurance Group	4.47	$ 1.00
Prudential Insurance	2.90	$ 1.00
Bank of America (Leigh)	4.73	$ 1.00
General Mills	3.50	$ 1.00
Montreal Dietary Dispensary Program	8.00	$ 1.00
Prevention Research Centre, University of Berkeley, CA	2.88	$ 1.00
Coors Brewing Company	6.15	$ 1.00
Motorola	3.15	$ 1.00
Pepsi Cola	3.00	$ 1.00
Canada Life program	6.85	$ 1.00

Otras investigaciones en EEUU al igual que en Europa demuestran un gran retorno por dólar invertido en los programas de Promoción de la salud con un gran aprovechamiento para las empresas.

- En 1990 Bertera estudió el impacto de un programa completo de promoción de la salud en el trabajo en 41 localidades de trabajo para el grupo experimental y 19 para el grupo control sumando respectivamente 29,315 empleados para el primer grupo y 14,573 para el segundo grupo. Los resultados fueron una disminución del 14% durante dos años para el grupo de intervención mientras que sólo un 5.8% para el grupo control. La diferencia neta fue de 11, 726 días menos de bajas por enfermedad resultando en un retorno de $2.5 ahorrados por $ 1.00 invertido. Shi, L. (1993) Worksite health promotion and changes in medical care use and sick days. Health Values.

- En 1993 Shi examino la efectividad de diferentes niveles (intenso y medio) de programas de promoción en el trabajo durante dos años. En el grupo de nivel intenso la disminución de bajas por enfermedad en hombres fue de 10% y para las mujeres de 11% menos de bajas por enfermedad. En el grupo de intensidad media los resultados fueron: 5% menos de bajas por enfermedad en hombres y 8% menos para mujeres. Shi, L. (1993) Worksite health promotion and changes in medical care use and sick days. Health Values.

- General Mills encontró que los empleados participantes en programas de promoción de salud tenían un 19% menos de bajas por enfermedad mientras que en los que no participaron había aumentado un 69% las bajas por enfermedad. (American Journal of Health Promotion 1989).

- La Mutua de Nueva Jersey - Mutual Benefit Life Insurance Company- demostró que los empleados que hacían ejercicio faltaban 40% menos al trabajo que los que no lo hacían Newark, (American Demographics 1991).

- Los empleados municipales del Metro de Toronto que participaron en su Programa de puesta en forma "Metro-fit", faltaron al trabajo 3.35 menos días en los primeros seis meses. (The Association for Fitness in Business 1991).

Otros estudios científicos demuestran otros beneficios como la disminución de rotación de personal, la mejoría de la relaciones empresa-empleado, mejor ánimo, y por supuesto una mejor productividad.

Ahora bien, para insistir en la necesidad de re-enfocar la salud a través de este concepto de la promoción de la salud en el trabajo en el caso de México y de acuerdo con un estudio elaborado por la empresa Salud Interactiva mediante el programa Empresa Saludable, en el que participaron 20 compañías mexicanas, basta ver los resultados para destacar la importancia: 50% tienen obesidad o sobrepeso; 33%, colesterol alto; 25% son fumadores; 30% padece depresión; 20% presión alta, y 12% son diabéticos.

Estos resultados son preocupantes, por lo cual, varias empresas en México se han sumado a la iniciativa de crear programas que tengan efectos positivos en la salud y bienestar de sus empleados, pues esas enfermedades inciden en la disminución de su productividad laboral en los centros de trabajo. Dichos programas buscan reducir los costos en salud de nuestro país, al fomentar una cultura de estilo de vida saludable impulsada en los centros de trabajo, que suele denominarse wellness, el cual representa un concepto de salud integral con el que se quiere armonizar el cuerpo, el espíritu y el alma. Este término es una derivación de las palabras well-being (bienestar), fitness (buena forma física) y happiness (felicidad) y describe un estado de equilibrio salubre entre la mente, el cuerpo y el espíritu; un equilibrio que resulta en un sentimiento de bienestar total. Este concepto y estilo de vida nació en los años 50 en los EEUU, cuando el médico americano Halbert L. Dunn habló por primera vez de un estado de "high level wellness" (bienestar a alto nivel).

Más tarde, en los años 70, el wellness se convirtió en los EEUU en el concepto general de un nuevo movimiento de salud. Los gastos de la sanidad pública americana se habían disparado y el gobierno empezó a usar el término wellness para exhortar a los ciudadanos a responsabilizarse de su propia salud, según el lema "cuida de ti mismo". Entonces el wellness – un estado de bienestar y satisfacción – implicó los factores auto-responsabilidad, conciencia nutricional, buena forma física, gestión de estrés y sensibilidad para el medioambiente.

Al respecto, los programas Wellness se integran por una combinación de actividades educativas, organizacionales y ambientales, las cuales persiguen propiciar un efecto favorable en la salud de los empleados. En términos generales, los programas Wellness persiguen lograr el equilibrio cuerpo-mente (bienestar físico, psíquico y emocional) del individuo.

Tales programas incluyen: exámenes médicos; valoraciones de riesgo; newsletters sobre salud; líneas telefónicas de soporte e información; charlas educativas; atención psicológica; actividades para controlar el peso y control del hábito de fumar; fitness center internos; fomento de actividades deportivas, entre otros.

En 2011, la firma Towers Watson liberó la encuesta titulada "Multinational Workforce Health–Building a sustainable global strategy", la cual se encuentra disponible en la dirección electrónica   www.towerswatson.com/…/Towers-Watson-Multinational-Workforce-Health.pdf. La encuesta muestra que los programas Wellness prevalecen en economías avanzadas; en economías emergentes son ofrecidos a altos ejecutivos, y más de los 38% de los empleadores de estas últimas no ofrecen el programa. La encuesta incluyó 149 participantes, representando 5.2 millones de empleados en 37 países.

En México, el Consejo Empresarial de Bienestar (www.wwpcmex.com) agrupa a empresas privadas que desean fomentar hábitos positivos entre sus empleados y la población en general, contando con la participación de más de 60 empresas. La misión de ese Consejo es proveer innovación, mejores prácticas y liderazgo para mejorar la salud y bienestar de los empleados en México, y funge como promotor y pionero de la creación de programas Wellness en las empresas mexicanas.

Entre los objetivos que pretenden esos programas se encuentran los siguientes: obtener mejoras en el rendimiento y la productividad de los empleados; disminuir los gastos de salud; atraer y retener talento; reducir el ausentismo, y lograr un distintivo de responsabilidad social. De acuerdo con el reportaje incluido en la revista Alto Nivel número 281, de enero de 2012, titulado Management and a healthy New Year... Empresas saludables, empleados rentables, diversas compañías establecen programas de prevención de salud como medida para bajar costos, mostrar preocupación por su personal y obtener mejores resultados. El reportaje señala que la falta de prevención de la salud entre los empleados provoca incrementos en la cuota de riesgo ante la seguridad social y en la siniestralidad en la póliza de gastos mayores; en esta última la repercusión puede superar el 30%.

Las erogaciones que podrían estar involucradas en el desarrollo de los programas referidos son: honorarios y/o sueldos de doctores; pagos a nutriólogas; pago a psicólogos; ayuda alimentaria; gastos por promoción de actividades deportivas; membresías a clubes; inversiones en bienes relacionados con actividades deportivas, entre otros.

En este mismo País, México, la compañía UHMA SALUD, ha diseñado programas corporativos de bienestar, destacando la importancia de incluir como inversión y desarrollo de las empresas programas de salud y bienestar, como un elemento fundamental del ciclo de gestión. A continuación le presento una diapositiva de su programa:

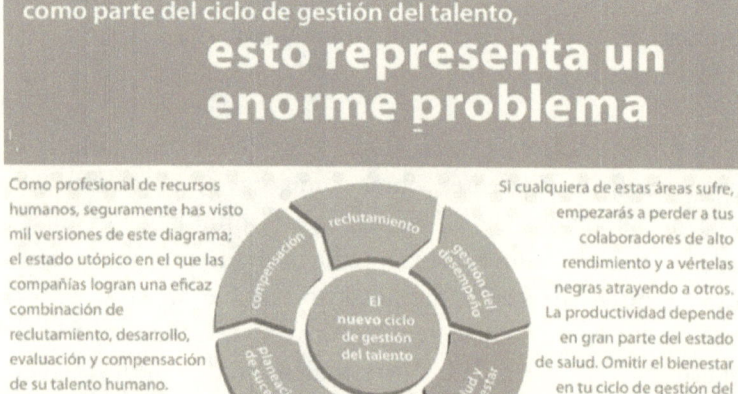

Pudiéramos seguir escribiendo los resultados de múltiples estudios, que avalan el uso de la promoción de la salud en las empresas o dependencias gubernamentales, con beneficios tangibles y medibles que aseguran cualquier inversión que se pudiera realizar con este fin: mejorar la salud de los empleados, pero es mejor reconocer ya, el peso que tiene este re-enfoque de la salud aprovechando esta circunstancia de los seres humanos, en los que casi todos estamos vinculados a estos sitios de trabajo, llámense instituciones privadas o gubernamentales, e incluso negocios propios, por lo cual deberíamos de fortalecer esta estrategia multisectorial, que abarque gobiernos, sociedad, secretarias de trabajo, hacendaria para lograrlo generar proyectos múltiples para beneficios de patrones y jefes, que finalmente nos permitan el desarrollo del potencial de los seres humanos a través de estos programas de promoción de la salud,

Finalmente, no confundir las acciones y programas de seguridad e higiene en el trabajo, con el despertar del potencial de las personas al sumir su auto-responsabilidad en el cuidado de su salud utilizando como medio catalizador a las empresas.

¡Ud. decide!

9

Políticas publicas saludables: las bases para otra visión del bienestar

En los países del mundo generalmente existe la presencia de un sistema de salud a través de una secretaria o de un ministerio de salud y bienestar, pero que independientemente de esto, tienen como misión diseñar, implementar y evaluar políticas, planes y programas de salud pública para lo cual debe considerar las condicionantes ambientales, los factores de riesgo y los determinantes sociales de la salud mediante una gestión participativa de los diferentes sectores relacionados, estableciendo un papel rector, normativo y regulador en áreas relacionadas con la salud. Y debe ser a través de estas instancias donde se genere otra visión, que debe ser complementaria a la existente, y que nos quede claro que nos urge cambiar el enfoque para que con una visión de largo alcance logremos alcanzar una mejor salud.

El papel de liderazgo que debe asumir un gobierno es fundamental para cambiar el rumbo de las grandes estrategias que se diseñan para atender necesidades o problemas sociales, y es el ejemplo el que mueve, el que motiva, el que une para lograrlo, de ahí la importancia de generar un visión distinta a través, primeramente, de las políticas públicas que permitan el desarrollo de los nuevos enfoques que la salud y el bienestar deben tener para enfrentar los retos que estamos viviendo en esta área tan importante del ser humano. Por eso aquí en este capítulo le replanteamos a la sociedad y por supuesto a los gobiernos, que son los que tienen en sus manos el diseño, la implementación y sobretodo la voluntad política de las políticas públicas necesarias

¿Qué es una política pública?

Son las decisiones tomadas, implementadas y operacionalizadas a través de procesos definidos con la asignación de recursos. Una ruta crítica para dar respuesta a un problema social o situación que afecta a un número considerable de personas o a una visión de un gobierno. La no acción también es una decisión política.

También definimos la política pública como el arte y la ciencia de gobernar La decisión y actividad que determina quien recibe que, cuando, donde, porque y como. Incluye el proceso de hacer política y el producto.

También es importante considerar que son decisiones de Estado establecidas por cuerpos legislativos y/o por el ejecutivo. Es Incentivar actividades de beneficio para el bien común como por ejemplo: aumento de impuestos en cigarros, multas por exceso de velocidad, control de venta de bebidas alcohólicas a menores y conductores.

En este contexto debemos considerar además el valor de la salud como un derecho humano fundamental y también es una inversión social por lo que es necesario reorientar estrategias, estilos, enfoques y estructuras para fomentar una cultura de lo saludable, para aspirar a lograr mejores niveles de bienestar.

Cuando la política publica es en el sentido de la salud de la sociedad a la que sirve un gobierno nos lleva a lo que denominamos políticas públicas saludables caracterizadas por una decisión del Estado para promover la salud y la equidad a través de diversos sectores en varios ámbitos – para mejorar los determinantes - y para establecer controles sociales del impacto en salud de las políticas públicas (Recomendaciones de Adelaide 1988)

Además las políticas públicas saludables tienen una reconocida posibilidad de influenciar (positiva y/o negativamente) en los determinantes de la salud y la equidad, siendo también un propósito fundamental crear ambientes saludables asegurando factores sociales protectores que faciliten el desarrollo de estilos de vida saludables, aunque hay que decir que la conducta (individual, colectiva, institucional) es producto del ambiente especifico en que se da (I. Rootman 2001) Las políticas públicas pueden favorecen conductas y decisiones Saludables

El proceso de las políticas públicas saludables lleva varios pasos que es importante considerar a la hora de la decisión de llevarlo a la práctica. Es un proceso y visión a largo plazo, dirigido con metas claras, se requiere de la voluntad y compromiso político de los gobernantes, abogacía con autoridades nacionales y locales, participación social, lograr consensos y coaliciones con organizaciones relacionadas con la salud y las comunidades, apoyo de los medios para poner la propuesta en la agenda pública, estrategia multisectorial, negociación intersectorial, poner la propuesta en la agenda de comités, consejos y otras instancias, todo para lograr el consenso y hacerla factible desde su origen. Es oportuno recordar la forma en que el Dr. Julio Frenk desplego todo lo anterior, cuando impulso el Sistema de Protección Social en Salud en México, estableciendo un nuevo paradigma de la salud que logro todos los consensos, apoyos y acuerdos para lograrlo.

Cuando hablamos de la necesidad del re-enfoque, tenemos en claro que nada se mueve si no es por dos circunstancias: la necesidad que llega a su límite máximo y la otra en sentido descendente de las autoridades que a través de expertos reconocen un problema que tiene que ser abordado a través de políticas públicas así como a su adecuado desenvolvimiento, cabe recordar las palabras del presidente chileno como visualizo esto que acabamos de comentar "La forma más segura de alcanzar la equidad en salud es evitando la enfermedad, poniendo al alcance de todos los conocimientos e instrumentos que permitan mantener sana a la población" Presidente Lagos 2001. Por eso en el re-enfoque que estamos proponiendo se requiere que dotemos a la población de instrumentos, herramientas y conocimientos como base de la nueva visión.

LAS POLITICAS PUBLICAS SALUDABLES son importantes como primer paso porque crean la posibilidad para que la gente pueda disfrutar de una buena calidad de vida, porque tienen una reconocida y fuerte influencia en los determinantes de la salud, como por ejemplo: LAS POLITICAS PÚBLICAS SALUDABLES PARA LOS ESCOLARES pueden incidir en la calidad de la educación y la vida de la comunidad educativa e indirectamente de la comunidad en general.

Es necesario antes de su implementación el análisis de las Políticas Públicas que se desea impulsar, para lo cual debemos considerar lo siguiente:

- Determinar si la política es adecuada para responder al problema o la necesidad
- Análisis prospectivo o retrospectivo de la política
- Comparación de una o más políticas para responder a problemas y/o necesidades similares
- Evaluar las implicaciones de la política actual vs una política nueva
- Explorar diferentes aspectos del proceso de desarrollo e implementación de la política

Formas de relacionar el propósito principal de una política con su efecto sobre la salud:

- Evaluar el impacto sobre la salud de la política pública una vez implementada y proponer modificaciones para minimizar/evitar consecuencias negativas
- Negociar como contingencia de la política pública tendrá efectos promotores de la salud y que "no causara daños" a la salud
- Articular desde su diseño políticas públicas cuyo propósito sea la promoción de la salud, además de tener otra finalidad

Además debemos realizar la evaluación de las políticas públicas saludables que vamos a generar, para verificar las siguientes características:

- La mejoría de los determinantes de la salud, calidad de vida y equidad
- Si abona al capital social
- Si fortalece la capacidad y sostenibilidad del gobierno

- Si propicia un buen gobierno

La importancia de las políticas públicas en aspectos tan importantes como o la salud se ejemplifican con los acuerdos tomados e impulsados por los Organismos mundiales como la OM y la OPS en una reunión en Río de Janeiro, el 19 de octubre del 2011 (OPS/OMS con representantes de alto nivel de más de 100 países para la Conferencia Mundial sobre Determinantes Sociales de la Salud, una iniciativa de la Organización Mundial de la Salud (OMS) para generar apoyo a políticas y estrategias que mejoren la salud a través de la reducción de las inequidades sociales.

Más de 60 ministros de salud y otros integrantes de los gabinetes participarán en la conferencia, con representantes de organizaciones de la sociedad civil, expertos de la salud y otros. La conferencia concluyo con una declaración política en la que los Estados Miembros de la OMS expresaron su compromiso a abordar los determinantes sociales de la salud en de estrategias y planes de acción nacionales.

Analizaron el impacto de factores sociales tales como la inequidad en los ingresos, las oportunidades educativas, el género, la raza y la etnia, sobre la salud de las poblaciones.

El objetivo de esta conferencia fue avanzar en las recomendaciones de la Comisión sobre Determinantes Sociales de la Salud de la OMS. En su informe de 2008 "Subsanar las desigualdades en una generación", esta comisión mostró cómo las inequidades sociales vinculadas a la distribución de ingresos/riqueza, etnia y raza, género, educación, discapacidades, orientación sexual y ubicación geográfica pueden tener consecuencias profundas en la salud, calidad de vida y esperanza de vida de distintos grupos poblacionales en los países y la región.

En las Américas, los determinantes de la salud claves son:

> ➤ El transporte. Los sistemas y la infraestructura de transporte en las Américas favorecen a los automóviles y producen unas 142.000 muertes y 5 millones de heridos al año. Peatones, ciclistas y motociclistas son los más vulnerables.
>
> ➤ La Vivienda. Quienes viven en las zonas urbanas más pobres y las áreas rurales suelen tener condiciones de salud más débiles, por la falta de servicios de saneamiento y agua potable, y por otros problemas relacionados con la vivienda. Los residentes de áreas rurales con frecuencia son más vulnerables a las enfermedades transmitidas por insectos y a los parásitos, debido a las condiciones precarias de sus viviendas o al ambiente en el que se mueven.
>
> ➤ El Medio Ambiente. La urbanización rápida y sin planificación ha aumentado la vulnerabilidad a los desastres naturales tales como inundaciones, terremotos y huracanes.
>
> ➤ Los cambios en los estilos de vida. La transición nutricional que está ocurriendo en las Américas hace que los consumidores estén cambiando sus dietas tradicionales de consumo de comida fresca por dietas más modernas con más calorías y comidas procesadas. Muchas áreas urbanas carecen de espacios de recreación o de la seguridad adecuada para realizar actividades al aire libre.

En esta reunión, podemos observar como las políticas públicas se convierten en la plataforma para impulsar mejoras o cambios en la población, en sus condiciones de vida, en la forma de prestar los servicios o en tratar de generar cambios en cada uno de nosotros, y aunque destacan algunas de las circunstancias que estamos viviendo y del llamado a los gobiernos para reorientar políticas públicas, en el último determinante mencionado en el párrafo anterior seguimos visualizando la necesidad de cambiar o re-enfocar las políticas al estilo de vida saludable. Nosotros agregaríamos, a estos acuerdos, el re-enfoque a través de las dimensiones que hemos señalado a lo largo de este libro, aunque es evidente que todo esto incidiría en nuestra participación como elemento común.

Por eso los gobiernos, son el principal eje para generar los cambios que demandan los retos que estamos enfrentando en salud y bienestar y que deben ser el propósito principal de un gobierno a través de políticas públicas saludables.

La importancia de la salud en nuestras vidas diarias, nos obliga a replantear todo desde su origen, aprovechando lo que se ha hecho bien, y cambiando la visión con rumbo hacia aquello que ha demostrado que puede coadyuvar con el ser humano a lograr la máxima salud y bienestar dentro de sus potencialidades, por eso la concepción de la salud como un derecho humano a ejercer por parte de la población, como una responsabilidad del Estado, como un proceso dinámico salud- enfermedad, con la valoración de los factores múltiples que inciden en ella colocando fuertemente su interrelación con los determinantes sociales, nos lleva a la necesidad de los Sistemas de Salud, a un nuevo enfoque para enfrentar con posibilidad de éxito los retos que estamos viviendo en la actualidad con el predominio de las enfermedades crónico-degenerativo y enfermedades emergentes

No es una responsabilidad exclusiva del sector salud, sino que implica la participación multisectorial y participación social hacia la construcción de modelos donde prevalezca la participación ciudadana y a través del desarrollo de las políticas públicas que se requieren

para lograr instrumentar las distintas vertientes de los re-enfoques que hemos demostrado en este libro que son de mucha utilidad y que ojala y Ud. lo haya hecho parte de sus pensamientos, reflexiones y comentarios para lograr incidir en quienes toman las grandes decisiones, incluido por supuesto, el generar en Ud. el re-enfoque propio para una mejor salud.

Termino diciendo una frase de Gandhi *"TAN ATROZ COMO LAS COSAS MALAS DE LOS MALOS, ES EL SILENCIO DE LOS BUENOS"*

10

Perfil de los médicos directivos. Una visión eficiente y de calidad en la salud.

Escribir este re-enfoque no lo tenía considerado, por ser un tema que "pica mucho" a funcionarios médicos, pero que, aclaro, no es un tema personal ni propio de un País, afecta a muchos Países del mundo, y solo trata de analizar una realidad que puede y debe ser transformada para aspirar a mejorar la salud de una sociedad, y que si estamos hablando de cambiar la óptica para obtener una mejor salud y bienestar, es un tema imprescindible, por eso lo hago con toda la ética que considero he demostrado a lo largo de mi trayectoria y en función de servir a un gobierno, a un País y a una humanidad, dándole un punto de vista diferente, u otra dimensión, que incluso fue tema de un servidor en la tesis que realizamos ya hace 20 años, cuyo título fue "Perfil de los Médicos Directivos de los Servicios de Salud de Durango" y dependerá de cada quien decidir o no leerlo, o si lo considera o no en

su quehacer como directivo, o como motivación para capacitarse y ser mejor en su función.

La administración de Sistemas, Instituciones, Hospitales, Centros de salud, etc. dada su complejidad, requiere de disciplinas tales como la Administración Pública, la Salud Pública y los Servicios de Atención Médica, competencias de Liderazgo, motivación. Planeación, etc.; desde hace más de cincuenta años las instituciones de salud públicas y privadas han perseguido contar con "directivos médicos de carrera", para dirigir con eficiencia y eficacia las cada vez más complejas organizaciones de salud y para mejorar los niveles de salud de la población. Sin embargo, prevalecen aún los viejos hábitos de "seleccionar a los profesionistas destacados más por sus atributos políticos, académicos o destrezas técnicas que por sus competencias personales y profesionales para desempeñarse en cargos de responsabilidad ejecutiva, gerencial, de coordinación o de asesoría, incurriendo constantemente en el error de convertir a un excelente clínico o quirúrgico en un ineficiente e ineficaz directivo" (Fernández, Fausto. Perfil de competencias Personales y Profesionales de los Directivos Médicos de las Instituciones de Seguridad Social en Puebla. Universidad Popular Autónoma del Estado de Puebla, Vicerrectoría de Posgrados e Investigación 21 Sur 1103, Puebla, Pue. Mex.).

En las organizaciones públicas de salud, por ser las de mayor desarrollo y complejidad requieren contar con verdaderos especialistas en el área de la administración y gerencia en salud, con las competencias adecuadas al trabajo que se desempeña. Lo que nos lleva a preguntarnos, de inicio ante la perspectiva de ser designado para un puesto directivo: ¿Cuál es nuestra definición de competencias?; ¿Cuáles son las competencias personales y cuáles son las competencias profesionales de los directivos médicos de las instituciones de salud?; ¿Quiénes son los directivos médicos de las instituciones de salud?

Es muy interesante observar lo que ocurre cuando son designados los funcionarios de salud, no importa cuál sea su situación jerárquica, lo ideal sería que tienen que se hicieran algunas preguntas básicas y las respuestas no serán sencillas, sino por el contrario, de gran complejidad. Algunas de ellas serían: ¿Cuál es el contexto en el que tengo que llevar a cabo mis acciones?; ¿Cuáles son las necesidades sociales de la población, de los proveedores del servicio y de las autoridades?; ¿Cuáles son los valores sociales dominantes?; ¿El marco legal y los recursos son suficientes?; ¿Qué se espera que yo haga para satisfacer, o neutralizar, las necesidades?; ¿Cómo lo voy a hacer?; ¿Cuál es el resultado de mis intervenciones?; ¿Poseo las habilidades personales necesarias para desempeñar el puesto?; ¿Poseo los conocimientos científicos necesarios en el campo de la administración?; ¿Domino las técnicas que me permitirán fungir como un buen directivo?; ¿Mis aptitudes personales son las suficientes y adecuadas?; ¿He demostrado mi competencia?.

Estos cuestionamientos serian ideales en un profesionista maduro designado para la ocupación de una posición ejecutiva, sin embargo en la realidad se encuentra en la mayoría de los casos ocupada más por respuestas como las siguientes: ¡He sido designado para el cargo por mis merecimientos personales!; ¡Poseo las habilidades necesarias para ocupar un puesto de responsabilidad!; ¡El nivel de complejidad de la operación cotidiana de mi organización, es fácilmente manejable con mis habilidades!; ¡No se requieren conocimientos especializados para administrar!; ¡Dirigir es un atributo personal, no es necesario conocer técnicas específicas!; ¡Cuento con las aptitudes suficientes!; ¡He demostrado poseer la suficiente y adecuada competencia laboral!. Estas posturas discrepantes reflejan una práctica persistente en las instituciones de salud, en la que la propuesta y designación de funcionarios, gerentes, administradores, directivos, ejecutivos y jefes, gira alrededor de esquemas tradicionales, en muchos casos con efectos contraproducentes y resultados cuya evaluación final es negativa con elevados costos de operación.

El manejo de las organizaciones de atención médica de las instituciones de salud públicas y privadas en general y las de seguridad social, se han encontrado invariablemente en manos de profesionistas de las áreas médicas y de enfermería, con especialidades clínicas y quirúrgicas con destacado desempeño laboral y/o sobresaliente perfil técnico, en el caso de personal profesional de otras disciplinas, es el perfil técnico o el político el considerado. En la mayoría de los casos no se consideran las habilidades de administración y de mando como las fundamentales Las implicaciones de estas condiciones se manifiestan en bajos niveles de efectividad de los sistemas y organizaciones de salud, que nos llevan a, insatisfacción de los usuarios y de los prestadores de servicios, además un menor impacto en la salud de la población. Todo lo anterior puede atribuirse a grandes diferencias en los perfiles personales y profesionales.

Hay que reconocer que en todos los países del mundo se aprecia una mayor demanda de la población para recibir servicios de salud. Este fenómeno no es nuevo pero, conforme el tiempo pasa, el incremento se hace evidente, tanto en volumen como en complejidad, representando un reto constante para las instituciones, y en especial para los gobiernos, que están constituidos en los responsables de la salud de la comunidad.

Un sistema de salud se establece para satisfacer una función social manifestada por necesidades y demandas de servicios de salud. Los sistemas de salud son una interrelación de recursos, finanzas, organización y administración que culminan en el suministro de servicios de salud a la población (2).

Es necesario enmarcar el siguiente concepto: una organización que otorga servicios de salud es una empresa pública. Es pública porque sirve a una comunidad, y es empresa porque debe tener objetivos y metas establecidos en todos sus niveles, que deben cumplirse con economía y eficiencia (3).

Los sistemas de salud y sus subsistemas (clínicas, hospitales, unidades médicas, etcétera) deben contar con una administración eficiente, con el objeto de poder cumplir las metas que contemplen sus diferentes programas de salud, y con ello dar respuesta a las necesidades que la sociedad les demande.(1-7)

El desafío de los sistemas de salud en nuestro tiempo, consiste en desarrollar capacidades administrativas en las personas encargadas de dirigirlos. En todo país en vías de desarrollo y en el nuestro, es imperativa la meta de resolver los problemas humanos que tiendan al mejor aprovechamiento de los recursos siempre limitados. Para lograrlo, se han implementado diversas políticas y procedimientos acordes con la evolución de los conceptos y las técnicas de la administración. La administración en salud no podía escapar a esa corriente, ya que con ella se propicia un desarrollo adecuado de la operación, a fin de alcanzar resultados óptimos en la prestación de los servicios.

En la actualidad, la administración en los sistemas de salud requiere un conjunto de conocimientos, habilidades y técnicas con base en un equilibrio armónico que proporcione la preparación suficiente al directivo y le permita llevar a cabo una secuencia de acciones para alcanzar objetivos determinados en la solución de problemas prioritarios. Un administrador en salud debe tener una visión holística e integral del sistema; por ello, su visión y quehacer rebasa la administración de una clínica, hospital, unidad médica o centro de salud; debe ser capaz del diseño (planeación), desarrollo (operación), sistematización (orden y registro), evaluación y retroalimentación (análisis y reorientación de acciones y metas) de los planes y programas de trabajo de los mismos.

Tanto a nivel federal, estatal, o municipal, debido a una necesidad inherente al conocimiento del campo de la salud, los puestos administrativos de más alta jerarquía dentro del sistema de salud son ocupados por personal médico o de áreas afines, lo que indica que la toma de decisiones administrativas se centra en profesionales cuyo perfil es ajeno a esta área.

El personal directivo no tiene una idea definida de cuál es su función y qué se espera de su trabajo; en consecuencia, tiene como idea central el deseo de ascender en la escala jerárquica sin capacitarse, centrado sólo en la imagen y el prestigio, o simplemente la autoridad, ya que es el modelo o el ejemplo que ha tenido durante mucho tiempo, por lo que el resultado es siempre el mismo: duplicación de actividades, incapacidad de satisfacer las necesidades y la conciencia de haber obtenido sólo resultados modestos; al mismo tiempo se dan cuenta que son inseguros al tomar decisiones administrativas, las cuales sólo las efectúan por intuición o por crisis que los lleva a la frustración, y posteriormente, terminan en agresiones externas o internas, con lo cual se divide aún más el sistema.(1,2)

Como podemos observar con lo anteriormente comentado, existe una controversia sobre quién debe administrar los servicios de salud. Paradójicamente se afirma que el médico no está calificado para administrar, aunque se dice que es conveniente que un médico administre establecimientos de salud porque se ganará más fácilmente la confianza, el respeto y la cooperación de todo el personal, por lo que estará en mejores condiciones de tomar decisiones. Por otra parte, se dice que los profesionales no médicos con preparación específica en administración de la atención de la salud tienen destacadas actuaciones al tener a su cargo hospitales y clínicas, situación que es común en otros países.(1-6)

Se puede comentar mucho sobre esta controversia, pero es innegable que una persona que puede conciliar ambas posturas e intereses es el médico-administrador con preparación específica en administración, ya que la razón de ser de las instituciones que conforman el sistema de salud es precisamente el servicio a la salud, por lo que las decisiones importantes deben ser tomadas por médicos.

Asimismo, (según Fernández, Fausto) se hace cada vez más evidente la necesidad de que la función directiva en las organizaciones de atención a la salud no sea asignada a quienes no cumplan con la formación correspondiente en administración en salud, sino que la selección del personal directivo se lleve a cabo de forma adecuada por competencias y no bajo el esquema de amistad y compadrazgo, aunque el candidato demuestre sentido común y deseos de asumir el puesto pero desconozca lo más elemental para ejercer estas posiciones de manera profesional. Cuando se administran los recursos de una institución de salud, no puede hacerse en forma intuitiva; la responsabilidad moral y legal es muy grande y para desempeñarla bien es necesario prepararse. No puede negarse que los resultados serán mejores entre mayor sea la preparación, los conocimientos y la experiencia en medicina y en administración.

La obligación del directivo de la atención de la salud es que en sus instituciones se presten servicios oportunos al menor costo y de la mejor calidad posible, considerando al paciente como individuo, como integrante de una familia y como miembro de la sociedad. Por lo tanto, el propósito de los directivos del sistema de salud es lograr que las actividades y funciones de sus organismos (institutos, hospitales, clínicas, centros de rehabilitación, departamentos, programas, proyectos) se racionalicen y se cumplan las funciones de promoción de la salud, prevención de enfermedades, curación de padecimientos y rehabilitación de invalidez, así como las de educación e investigación, y que estas funciones se logren con eficiencia.

Las demandas de formación en administración en salud en México, y muchos Países del mundo, conforman un desafío, para lo cual es necesario incorporar formas tradicionales e innovadoras de educación, que permitan dar una completa respuesta a sus múltiples facetas. De ahí la gran importancia que tiene este re-enfoque que planteamos donde a través de tomar en cuenta esta óptica, se puede mejorar, y por mucho la operación de los Sistemas de Salud y plantear innovaciones que nos lleven a modificar los conceptos, acciones y políticas de la salud y el bienestar, en caso contrario, seguiremos "aplanados" en la evolución a que aspiramos los seres humanos.

La formación de profesionales de la administración de sistemas de salud se ha visto ante dos retos fundamentales; por una parte la necesidad de profesionalizar el trabajo de los directivos de los servicios de salud, y por otra, la dificultad de entrenar a todos los directivos que se encuentran actualmente realizando actividades en las organizaciones de atención a la salud. Para estos últimos, debido a las responsabilidades que tienen en sus instituciones, es difícil asistir a los centros formadores de tiempo completo, por lo que una opción sería la educación a distancia.

No importando la manera en que se realice la formación de los directivos, que puede ser de forma tradicional con los posgrados de tiempo completo en las aulas y con la educación a distancia, el objetivo final es el mismo, la formación de profesionales versátiles con conocimientos, habilidades y destrezas necesarias, para poder consolidarse como líderes efectivos en sus ámbitos o áreas de influencia.

Por otro lado, necesitamos que las escuelas de medicina deben incorporen en sus planes de estudios la materia de administración en forma permanente y aprovechar en su enseñanza la experiencia de los directivos de los servicios de salud con el fin de que no haya un divorcio entre la realidad y la teoría, entre las instituciones de atención a la salud y las universidades.

Sólo una correcta administración en las organizaciones de salud permitirá optimizar los recursos disponibles para que con ello se pueda ofrecer una atención más eficiente y eficaz a todos los usuarios.

La administración de servicios de salud no es la panacea que vaya a resolver todos los problemas, pero si ayudara a tener una visión más clara y facilitara la operación administrativa eficiente, le ayudara a generar nuevos proyectos de salud en función a una necesidad real y a una planeación adecuada, entenderá y canalizara las necesidades y percepciones de la población en salud y del grupo médico, lo que le permitirá alinear las tres visiones

que se dan en la práctica diaria: la de la sociedad, la del médico y la gubernamental.

Es una decisión de los gobiernos, enfocarse en esta realidad o no y es de los médicos, que han decidido incursionar en el mundo de la gestión y quizá en el de la política, que en efecto en ocasiones hay que tener la sensibilidad para entender las demandas y manejarlas en función de las presiones sociales, además de los conceptos técnicos de la planeación, que finalmente deberán ser utilizados para lograr eficiencia y calidad en la administración y uso de los recursos humanos y financieros.

Nuestra salud y bienestar están en nuestras manos en gran medida, pero también dependen mucho de las decisiones de nuestros directivos. Confiamos plenamente en su vocación naciente de dirigir servicios de salud.

Le presento las referencias bibliográficas de este capítulo para que sirva de referencia a los médicos directivos que desean ampliar y mejorar sus horizontes en este nuevo campo de acción en sus carreras profesionales.

REFERENCIAS

1. Cordera, Armando y Bobenrieth Manuel. Administración de Sistemas de Salud. Tomos I y II. Editado por Cordera y Bobenrieth. México, D.F. 1983.
2. Barquin, Manuel. Dirección de Hospitales. Editorial Interamericana McGraw-Hill, 7ª Edición. México, D.F. 2003.
3. Bustos Castro René. Administración en Salud. Editorial Francisco Méndez Oteo. 2ª Edición. México 1983.
4. Fajardo Ortiz, Guillermo. Atención Médica. Teoría y Práctica Administrativas. Editorial La Prensa Médica Mexicana, S.A. de C.V. Reimpresión 1989. México D.F.
5. Malagón-Londoño G, Galán-Morera R, Pontón-Laverde G. Administración Hospitalaria. 2ª edición. Editorial Médica Panamericana. Bogotá, Colombia. 2000.
6. Aguirre-Gas H. Administración de la calidad de la atención médica. Rev Med IMSS (Mex) 1997; 35(4): 257-264.
7. Clifford Attkisson C, Hargreaves AW, Horowitz MJ, Sorensen JE. Administración de Hospitales. Fundamentos y evaluación del servicio hospitalario. Editorial Trillas. México, 2002.
8. Fundación Mexicana para la Salud. Observatorio de la Salud: Necesidades, Servicios, Políticas. Julio Frenk, Editor. Economía y Salud. 1997.
9. Pérez-Iñigo Quintana F, Abarca Cidón J. Un modelo de hospital. Editorial Ars Médica. Barcelona, 2001.
10. Mc Mahon Rosemary. Administración de la Atención Primaria de Salud. Editorial PAX. México y O.P.S. 1989.
11. Temes JL, Pastor B, Díaz JL. Manual de Gestión Hospitalaria. Editorial McGraw-Hill Interamericana. España. 1992.
12. Reyes Ponce, Agustín. Administración Moderna. Editorial Limusa, Noriega editores. México, 1994.
13. Terry y Franklin. Principios de Administración. Editorial CECSA. México, 1985.
14. Munich Galindo, García Martínez. Fundamentos de Administración. Editorial Trillas. México, 1986.

15. Romero Betancourt, Samuel. Principios fundamentales de administración de empresas. Limusa. México, 2000.
16. Fernández Arena, José Antonio. El proceso administrativo. 2ª Edición Editorial Diana. México, 1996.
17. Freeman R., Holmes E. Jr. Administración de los Servicios de Salud Pública. Editorial Interamericana. México, D.F.

Conclusiones finales

"Para atemperar los problemas de salud es necesario
re-enfocar los servicios hacia una perspectiva integral".
N. Kuilan.

Primero deseo agradecer la oportunidad que me han dado
para exponerles una nueva visión de la salud, y espero
sinceramente que sean Ustedes multiplicadores de estos
conceptos, que aclaro, no tienen nada que ver con criticar
o disminuir lo grandioso y necesario que son los sistemas
de salud actuales que tenemos en cada uno de nuestros
Países y que siempre como le he mencionado a lo largo
de este libro les agradeceremos por lo que representan
cuando perdemos la salud y anhelamos recuperarla,
además por supuesto de los grandes beneficios de los
programas de salud que tienen a su cargo dichos Sistemas.
Pero es ineludible que ante las circunstancias actuales, de
tipo financiero, de tipo epidemiológico y ante la creciente
tendencia de participar activamente en el cuidado de
nuestra salud debemos ampliar nuestra visión más allá
de lo cotidiano, modificar paradigmas, innovar, liderar
este tipo de movimientos que nos deben conducir hacia
la salud máxima o niveles de bienestar más acordes
a nuestras potencialidades como seres humanos, por

eso re-enfocando la salud, modificando los conceptos, generando políticas publicas alineadas al nuevo enfoque, y motivando la acción de todos nosotros podemos aspirar a mejorar sustancialmente la salud de toda la población.

Es difícil modificar la cultura que se ha generado a lo largo de toda la historia de la humanidad y que nos ha llevado a una sociedad medicalizada, pero debemos abrir los ojos a esta nueva visión, y lo primero que debemos hacer para este objetivo es darle su lugar a la medicina que ha desempeñado un papel clave, con grandes avances científicos y tecnológicos que nos han llevado a vivir muchos más años de vida e incluso también se ha mejorado la calidad de vida.

Cuando hablamos de re-enfocar estamos refiriéndonos a ver desde otra óptica la salud y el bienestar, entonces el primer concepto es ver la salud como el desarrollo de las máximas potencialidades humanas desarrolladas a través de herramientas, ejercicios, coaching, asesorías, etc. y que tiene como punto común el asumir la responsabilidad que tenemos cada uno de nosotros en cuidar y mejorar la salud y por consecuencia lograr mayor bienestar como seres humanos.

Otro concepto fundamental es el hecho de que los cambios son posibles con mayor factibilidad cuando vienen de arribas hacia abajo y esto se debe a que los gobiernos tienen el poder, los recursos económicos, la facilidad de aparecer a través de todos los medios de comunicación, del aprovechamiento de las tecnologías de la comunicación, de predicar con el ejemplo con muchos seguidores, por lo que se hace necesario desplegar plenamente este concepto para lograr re-enfocar la salud y el bienestar.

Otro concepto, y que debe ser un objetivo, es la mentalización o transformación mental de la sociedad hacia los nuevos conceptos que se requieren para lograr utilizar los recursos existentes de esta nueva visión, motivarlos a practicar y utilizar las herramientas que les debemos proporcionar como elementos indispensables de nuestro diario vivir.

Los apoyos científicos son numerosos y nos hablan de aplicaciones prácticas, por ejemplo en un artículo titulado "Coaching y salud: La promoción y prevención de la salud es inminente: pensemos en los adolescentes" del 04 DE MARZO DE 2009. De NERYMAR KUILAN (Estudiante del Programa Doctoral de Psicología Clínica de la Escuela de Medicina de Ponce, Puerto Rico). Toma el tema del re-enfoque de la siguiente manera: "La realidad de la sociedad actual revela la necesidad de re-enfocar los servicios de salud hacia programas de prevención para la salud tanto del individuo, como de la familia y la comunidad, ya que las alternativas existentes hasta el momento son incompletas reflejando un consistente aumento en condiciones de salud tanto físicas como mentales, esto a raíz del pobre manejo de situaciones estresantes"

Continua diciendo en su artículo: "La adolescencia es la etapa de vida oportuna para fortalecer el desarrollo, potenciar los factores protectores y prevenir las conductas de alto riesgo, reforzando los potenciales resilientes (Alchourrón y colegas, 2006). Pensemos en nuestros adolescentes, en ellos está la esperanza de un mañana saludable.

En este artículo podemos apreciar una de tantas voces ya existentes en el campo de la salud donde reconocemos que las circunstancias, los avances y las necesidades nos obligan a ver la salud desde otra óptica para adecuarnos en los problemas emergentes que surgen consecuencia de la vida que estamos viviendo, pero de aprovechar también los recursos que tenemos a nuestro alcance.

Hay que reconocer que en el mundo interdependiente de este siglo XXI, la salud es una variable esencial de la estabilidad y el bienestar global y, como tal, de la estrategia de los gobiernos para competir e influir internacionalmente y aunque en la última década se han multiplicado los recursos y el compromiso de actores públicos y privados, se requiere entrar y entender otros mecanismos complejos de participación, de innovación e incluso de negociación para definir la agenda que definan aspectos críticos para la salud de la mayoría de la población mundial donde los contrastes nos muestran un planeta en el que las enfermedades infecciosas prevenibles o tratables matan cada año a 10 millones de personas, de los cuales nueve residen en países pobres. Un tercio de la población mundial carece de acceso a los medicamentos que necesita. Es la era del 90/5: las enfermedades que cuestan a los países en desarrollo un 90% de las muertes prevenibles merecen tan solo el 5% de los recursos globales destinados a la I+D (Investigación y Desarrollo) de este sector dando como Resultado: malas noticias si padece usted Chagas o Malaria… pero espléndidas si padece alopecia o impotencia, es decir luz y sombra.

Esto habla de que es cierto que a nivel mundial existen retrasos que pudieran hacer pensar que este re-enfoque no es factible, pero sin embargo, es impostergable en los Países que tienen mejores condiciones económicas, ir superando por un lado la falta de participación de la población en el cuidado de su salud, a través de programas, estrategias, herramientas que le obliguen a participar, y por otro lado es incuestionable la necesidad de asegurar los estándares mínimos de atención a la salud, de programas de prevención y del acceso que deben tener todos los habitantes de cualquier País, sobre todo por supuesto aquellos en los que tienen grandes carencias de atención a la salud y programas preventivos básicos.

Por ultimo debo de sugerir a los <u>Gobiernos</u> los siguientes renglones:

- Revisar el modelo actual de salud
- A través de la prospectiva definir la visión del futuro y crear las estrategias para alcanzarla
- Generar las políticas públicas para lograr re-enfocar los conceptos y acciones de salud y bienestar
- Liderar los cambios que se requieren en la población
- Desarrollar en sentido descendente las competencias necesarias
- Desarrollar paralelamente los conceptos del re-enfoque y la atención a la salud vigente
- Basar sus decisiones en conceptos de Salud social y publica
- Asesores externos expertos en los temas de la Salud Publica, Planeación y Administración
- Estimular la creación de nuevas figuras en el campo de la salud y el bienestar
- Lograr la transformación mental de la sociedad como base del cambio.

A los <u>médicos</u>, con mucho respeto:

- A los grandes especialistas continuar con su noble y gran labor, son indispensables

A los otros médicos: familiares y generales:

- Ampliar su arsenal terapéutico y diagnostico a través de otras alternativas de salud
- Adquirir nuevas competencias en educación en salud
- Retomar la pasión y humanismo de la medicina
- Utilizar herramientas como el coaching y la PNL en la consulta
- Capacitación en administración en salud

A la sociedad en general:

- Informarse de los nuevos conceptos del re-enfoque de la salud
- Mentalizarse con su potencial para ser y vivir mejor
- Responsabilizarse de su salud
- Recordar siempre que la salud se construye día a día
- Estudiar y practicar las herramientas de salud y bienestar
- Trabajar en conjunto con su médico y su institución de salud

Ojala y este libro sirva de propuesta y genere la inquietud de analizar las circunstancias que vivimos actualmente en el campo de salud y el bienestar llevándonos a la decisión de cambiar a través de nuestra participación.

Para cualquier comentario o sugerencia puede escribirnos al siguiente Email: programasaludmaxima@hotmail.com

www.ingramcontent.com/pod-product-compliance
Lightning Source LLC
Chambersburg PA
CBHW021942170526
45157CB00003B/887